成长的家

家有儿童这样住

打扮家居住方式与生活研究中心　著

江苏凤凰科学技术出版社 · 南京

图书在版编目（CIP）数据

成长的家 ：家有儿童这样住 / 打扮家居住方式与生活研究中心著. -- 南京 ：江苏凤凰科学技术出版社，2022.7

ISBN 978-7-5713-2948-8

Ⅰ. ①成… Ⅱ. ①打… Ⅲ. ①住宅－室内装饰设计 Ⅳ. ①TU241.02

中国版本图书馆CIP数据核字(2022)第088350号

成长的家　家有儿童这样住

著　　者	打扮家居住方式与生活研究中心
项目策划	凤凰空间／杜玉华
责任编辑	赵　研　刘屹立
特约编辑	杜玉华
出版发行	江苏凤凰科学技术出版社
出版社地址	南京市湖南路1号A楼，邮编：210009
出版社网址	http：//www.pspress.cn
总　经　销	天津凤凰空间文化传媒有限公司
总经销网址	http：//www.ifengspace.cn
印　　刷	北京博海升彩色印刷有限公司
开　　本	710 mm×1 000 mm　1／16
印　　张	17
字　　数	280 000
版　　次	2022年7月第1版
印　　次	2022年7月第1次印刷
标准书号	ISBN　978-7-5713-2948-8
定　　价	88.00元

序 1

打扮家居住方式与生活研究中心（居住研究院）是由崔健先生，高非先生联合日本著名建筑师、居住方式专家土谷贞雄（Tsuchiya Sadao）先生共同发起成立的研究机构。本研究中心隶属于国美集团控股的打扮家公司，以居住空间中的人为核心，关注不同人群的居住需求与喜好，深度探索空间如何更好地实现、改善和促进人的居住关系。

“居住方式五大标杆（极致简装、包容的家、成长的家、乐龄康养、户型爆改）”是本研究中心基于中国人的居住习惯和居住方式的调研结果。我们深入研究这五个居住需求方向，聚焦每个方向现有痛点及未来的发展趋势，将样本及解决方案结集成册，计划形成《居住方式五大标杆》系列丛书。

《成长的家　家有儿童这样住》为《居住方式五大标杆》系列丛书之一，旨在为亲子成长空间提供整体解决方案，让孩子、家庭、空间三者共同成长。本中心通过深入研究室内设计对儿童成长的影响，从数千位客户的真实需求中提取出 16 个最具代表性的案例展现在本书中，从而多维度地展现了优秀室内设计在儿童成长过程中发挥的正向影响。

我们希望，本书不仅是一本室内设计类书籍，更能传递设计背后更深层的家庭成长思想，启发更多的可能。同时我们期待通过本书引发与孩子、家长、老师、住宅设计师、幼儿园规划设计专家等众多人群的更多交流。

本书集合了儿童心理学、教育学、社会学等众多领域专家学者的意见及 6 000 多位室内设计师的实践经验，从空间关系、空间规划、空间专属、空间引导、空间自由五个方面，提炼出“成长的家”的五个设计原则：

适度安全——让孩子有生理安全保障，空间内具备一定的空间秩序感和安全活动范围；软包、拐角、楼梯等不做过度保护，让孩子在可控范围内体验轻度危险，培养优秀的判断能力、学习能力、协调能力以及独立性。

儿童友好——从人体工程学角度构建孩子吃、住、玩的生活范围，从色彩科学角度合理避免刺激颜色与强烈光照对孩子的影响，从尺度方面培养孩子的专注力、自我调适能力、稳定情感能力，养成良好的行为习惯、促进良好的亲子关系，也给大人留出旁观、思考与独立生活的空间。

空间创造亲密关系——空间功能的设置和设计要加强家人之间的交流感，减少家人被某些空间隔离造成的陌生感；并尝试更进一步增加专用的治愈空间，创造居住生活空间的治愈性。

成长可变——家长需要关注孩子的生理成长与心理成长，家居环境的布置都需根据孩子的认知、性格、身高做出相应的调整与改变，尤其要注重空间的可调配性。

空间引导儿童独立——从孩子开始拥有自我意识的阶段，就需要树立“去儿童中心化”的居住理念，不刻意强调孩子的核心地位，让居住在同一个空间中的每位家庭成员都得到尊重。

本书以空间设计理念为基础，针对不同户型的情况，以儿童发展为侧重点，从儿童认知行为的形成出发，帮助孩子更有勇气迈出独立自主的步伐，通过用心设计的日常空间去探索世界、启迪心灵，获得高情商和健康的人际关系。

我们期望，能以此书为原点，开启对儿童成长环境设计认知的探索之路。也希望能通过此书，触发更多孩子和家庭的健康成长，在每一个独具匠心的居住空间里度过平静、快乐、幸福的人生时光。

打扮家居住方式与生活研究中心

2022 年 2 月

序 2

与土谷贞雄相识的十年里，我们经常探讨一个问题，那就是作为建筑师和设计者，是致力于创造伟大的作品、开启自己的时代，还是用心在平凡的生活中成就每一个小小个体的美好居住心愿？这两种选择在我和土谷贞雄心中有着同样的分量，而后者更容易让建筑师和设计者获得自身的美满——这也是打扮家居住方式与生活研究中心成立的初衷。

2020 年 12 月 24 日，国美创始人黄光裕先生完成并购打扮家。同年 12 月 28 日，在我迈进打扮家天津办公室，认识赛楠的那一刻，没有想过这会是完成此书的一个重要起点。在闲谈中，我提及了“成长的家”（原生家庭及住所对儿童成长的深刻影响），以及家装的本质是“家庭主权”的宣示过程等一些我的个人思考。

两天后我回到北京办公室，赛楠发给我一张思维导图。她说听完我聊“成长的家”，她想了很多。从一个母亲的视角出发，在孩子成长过程中最关注的就是孩子的安全与健康。但随着孩子的成长，逐渐发现了空间设计中有很多细节是初为父母想不到的，这也为后期居家生活带来烦恼。

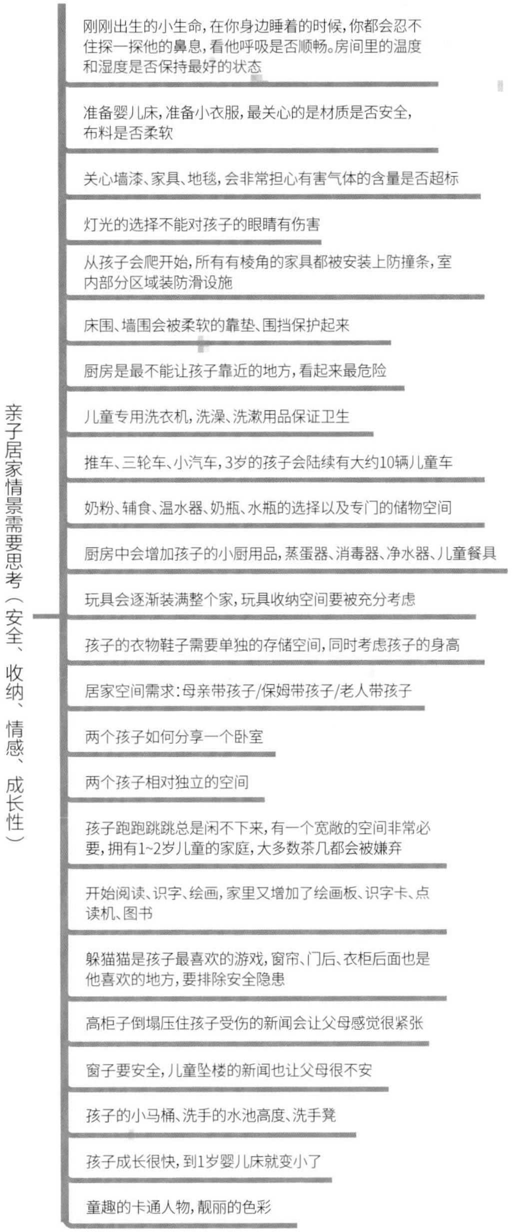

那一天，我得到了真诚分享所能得到

亲子居家情景需要思考（安全、收纳、情感、成长性）

- 刚刚出生的小生命，在你身边睡着的时候，你都会忍不住探一探他的鼻息，看他呼吸是否顺畅。房间里的温度和湿度是否保持最好的状态
- 准备婴儿床，准备小衣服，最关心的是材质是否安全，布料是否柔软
- 关心墙漆、家具、地毯，会非常担心有害气体的含量是否超标
- 灯光的选择不能对孩子的眼睛有伤害
- 从孩子会爬开始，所有有棱角的家具都被安装上防撞条，室内部分区域装防滑设施
- 床围、墙围会被柔软的靠垫、围挡保护起来
- 厨房是最不能让孩子靠近的地方，看起来最危险
- 儿童专用洗衣机，洗澡、洗漱用品保证卫生
- 推车、三轮车、小汽车，3岁的孩子会陆续有大约10辆儿童车
- 奶粉、辅食、温水器、奶瓶、水瓶的选择以及专门的储物空间
- 厨房中会增加孩子的小厨用品，蒸蛋器、消毒器、净水器、儿童餐具
- 玩具会逐渐装满整个家，玩具收纳空间要被充分考虑
- 孩子的衣物鞋子需要单独的存储空间，同时考虑孩子的身高
- 居家空间需求：母亲带孩子/保姆带孩子/老人带孩子
- 两个孩子如何分享一个卧室
- 两个孩子相对独立的空间
- 孩子跑跑跳跳总是闲不下来，有一个宽敞的空间非常必要，拥有1~2岁儿童的家庭，大多数茶几都会被嫌弃
- 开始阅读、识字、绘画，家里又增加了绘画板、识字卡、点读机、图书
- 躲猫猫是孩子最喜欢的游戏，窗帘、门后、衣柜后面也是他喜欢的地方，要排除安全隐患
- 高柜子倒塌压住孩子受伤的新闻会让父母感觉很紧张
- 窗子要安全，儿童坠楼的新闻也让父母很不安
- 孩子的小马桶、洗手的水池高度、洗手凳
- 孩子成长很快，到1岁婴儿床就变小了
- 童趣的卡通人物，靓丽的色彩

的最好回馈。于是在我的建议下公司成立打扮家居住方式与生活研究中心，由时任打扮家天津总经理的赛楠来领导——多年的管理经验告诉我，在创新性的工作中，所谓“胜任”，没有人能比得过一个时刻用心的人。

很快我们就发现，“居住方式与生活研究”这九个简单的字所需要的，不仅仅是六七个学科知识的深度积累和相关项目的长期实践经验，更考验耐力的是海量的真实用户研究和漫长的设计迭代。

我们想过各种捷径，但走不通。最后只能用最笨的办法——找到更多“用心的人”、更多“喜欢做这件事的愚公”一起来做这件事。没有人能轻易聚集起这样一支团队并能走这么久。所以我们“居住方式五大标杆”的系列作品是值得期待的，我们会越来越好。

我想以他们的名字和贡献来结束这篇序：

刘赛楠：操心“居住方式五大标杆”的所有研究工作和所有项目管理，包括本书的写作与出版；抚平每位团队成员受挫时的沮丧、被毙稿的失落，鼓励大家第二天重整旗鼓。

郭子青：心理学、教育学、社会学研究学者，丰富本书跨学科理论基础。

刘冉：内容主编，完成全书案例整合及表达。

窦东君：打扮家设计研发总监，窦东君工作室创始人，全书艺术效果和方案品质把控。

刘季蕊、吴易宸、王思宇、王景伟、宁涛：全书的主案设计师，精细化研究成长方案的每一个细节。

郑月峰：资深分析师，负责研究过程中海量的用户访谈与调研。

初子萱：全书插画绘制，排版负责人。

任少奇：部分插画绘制，平面助理。

刘磊、陈炜堃：用自己随时溢出的才华为全书润色提亮。

特别感谢国美打扮家的创始人崔健先生，是你的信任与支持，让打扮家居住方式与生活研究中心得以成立，不断取得丰富的研究成果。

感谢土谷贞雄、米克勒·拉纳里（Michele Lanari）两位建筑大师及其团队，感谢你们陪我们开了那么多会，毫无保留地分享你们在无印良品、蒙台梭利等闻名世界的成功项目的经验和心得。

感谢国美打扮家的所有同事们、国美打扮家设计平台的 7 050 位入驻设计师（截至今日），你们和我一样，虽然都是平凡的人，但配得上任何一种美好的理想。来吧，我们一起实现它！

高非　于国美打扮家公司虫洞办公室

2021 年 12 月 24 日

（高非先生时任国美打扮家 CEO、居住研究院院长）

目录

第一章

空间关系：婴幼儿安全感的源头

婴儿降临到这个世界上，给新手爸妈带来甜蜜的同时也会带来烦恼。大人们沉浸在迎接新生命的狂喜中，慌手慌脚地熟悉着婴儿的作息规律，努力给予婴儿身体上最极致的照顾。但是，婴幼儿在心理上对陌生世界的恐惧也不能忽略。居住环境中刺眼的光线、喧嚣的噪声、陌生的触感、过分的刺激，特别是赖以依靠的养育者并不总是陪伴在身边…… 这种种因素都可能会给婴幼儿造成巨大的安全感缺失。

缺乏安全感的孩子容易过度依赖父母，或相反地表现出对父母的疏离和冷漠。他们小小的心里会认为自己是不够好的，是不值得被爱的，长大后也容易自卑怯懦，不敢追求事业的成功和家庭的幸福。

那么婴幼儿的安全感究竟来自何方？如何通过居住环境的设计来给婴幼儿提供足够的安全感？本章将围绕建立安全的依恋关系、打造安全的居住环境、促进多子家庭孩子的心理健康三个方面，从空间功能布局、动线规划、造型、材质及光影设计等方面，提供全方位的设计理念与解决方案。

第一节
亲密且有序的空间，塑造安全依恋关系

早期的依恋关系构成了所有关系的起点

依恋关系特指婴儿和他的照料者（一般为父母亲）之间存在的一种特殊的感情关系。英国心理学家约翰·鲍尔比提出了依恋理论，解释了婴儿对母亲等照顾者的依恋行为和由分离产生的焦虑。

依恋理论认为，婴儿可以把依恋对象作为一个进行探索活动的“安全基地”，从“安全基地”开始，去陌生的环境探索和体验；或是将依恋对象当作“安全港”，在面对危险情境和受到惊吓的时候逃向此处。其与照顾者的重复交往经历会内化成一种内在工作模式，并逐渐被整合到人格结构里去，进而影响儿童的情感、认知、行为等各方面的发展。因此，约翰·鲍尔比认为：“孩子同其主要照料者间的最初关系构成了以后所有关系的起点。”

根据依恋关系的相关理论，很多心理学家进行了不同维度的研究和拓展。在此基础上，美国心理学家巴塞洛缪提出了依恋关系的四种类型：

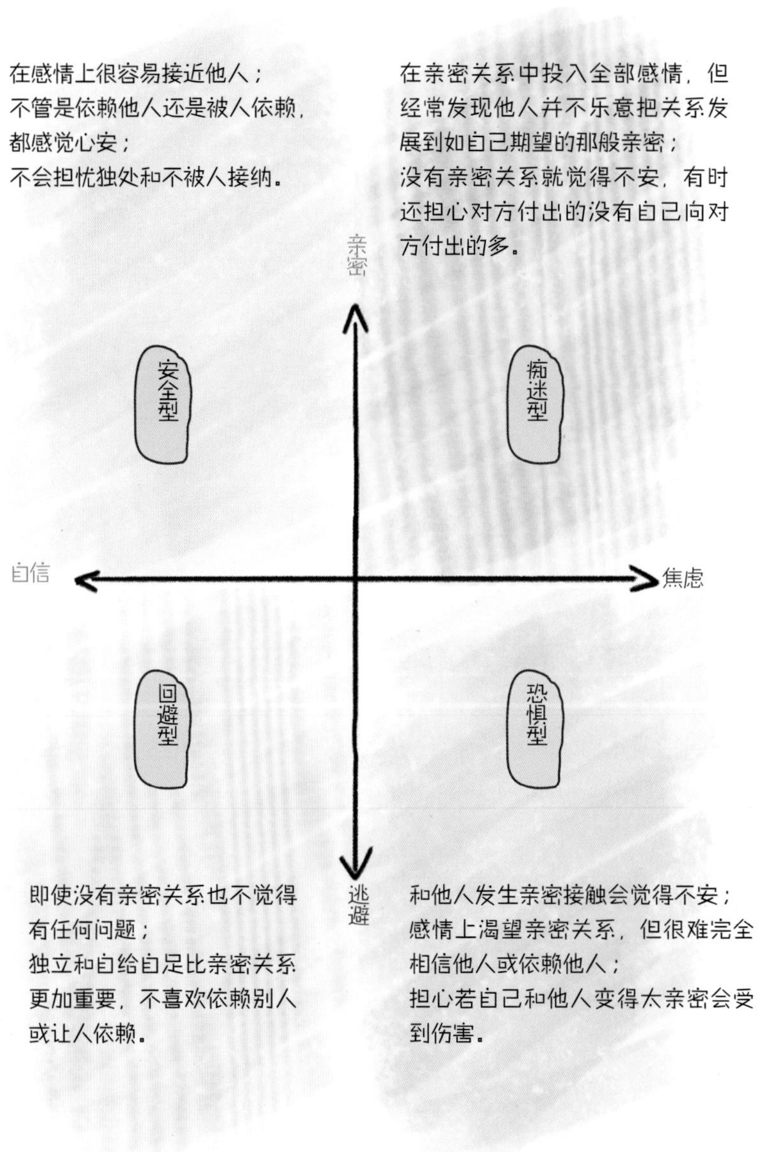

在感情上很容易接近他人；
不管是依赖他人还是被人依赖，都感觉心安；
不会担忧独处和不被人接纳。

在亲密关系中投入全部感情，但经常发现他人并不乐意把关系发展到如自己期望的那般亲密；
没有亲密关系就觉得不安，有时还担心对方付出的没有自己向对方付出的多。

亲密

安全型

痴迷型

自信

焦虑

回避型

恐惧型

逃避

即使没有亲密关系也不觉得有任何问题；
独立和自给自足比亲密关系更加重要，不喜欢依赖别人或让人依赖。

和他人发生亲密接触会觉得不安；
感情上渴望亲密关系，但很难完全相信他人或依赖他人；
担心若自己和他人变得太亲密会受到伤害。

家长自省：你是否有以下表现？

☐ 陪伴孩子时间较少，即使陪的时候还会玩手机。

☐ 对孩子喋喋不休，甚至在孩子感到厌倦时还不停止。

☐ 高兴时对待孩子无微不至，不高兴时态度冷漠或情绪暴躁。

☐ 自己心情不好时，孩子在身边闹，会把气儿撒在孩子身上。

☐ 孩子表现出超乎年龄的安静，你沾沾自喜。

☐ 家人间会在孩子面前争吵。

依恋关系是孩子未来生活中所有关系的起点，决定着孩子一生的幸福。成长的家见证着亲子互动的点滴，因此居住环境的设计要围绕安全依恋关系的三个因素：稳定的情绪、爱的表达、建立秩序感，帮助家长和孩子建立安全依恋关系。

具有安全型依恋关系的孩子会更有自信，更愿意探索世界，在人际交往中也更乐意谈论家庭温暖，更可能以一致的、信任的态度对待他的同伴；

具有非安全型依恋关系的孩子对待同伴的态度可能会比较敏感、消极，有时甚至排斥或回避同伴，尤其是那些可能成为好朋友的同伴的亲近行为。

亲子间需要建立安全的依恋关系

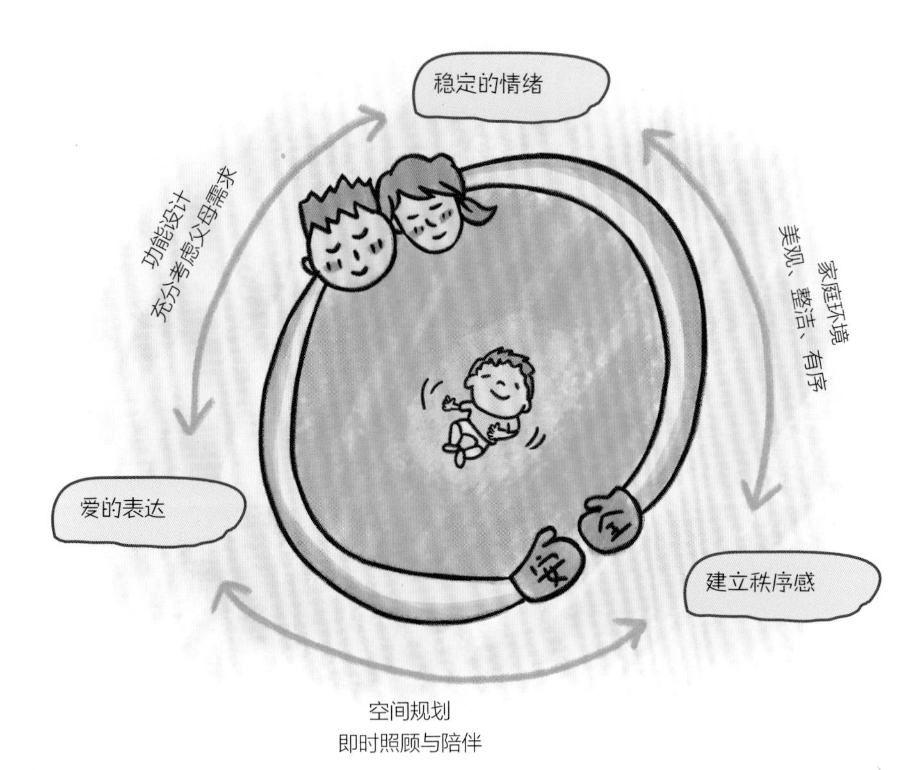

1 设置温奶器和小夜灯，让父母睡个好觉

疲惫、紧张和缺乏睡眠，经常让新手爸妈情绪烦躁，甚至使妈妈产后抑郁。空间设计应充分考虑父母需求，借助智能家电和智能设备，减轻新手爸妈的压力，让他们有更稳定的情绪和饱满的精神状态，给孩子提供高质量的陪伴。这是和孩子建立安全的依恋关系的基础。

2 不过早分房，主卧放置独立儿童床

瑞士儿童心理学家让·皮亚杰认为，孩子在 9 个月前很难理解“客体永久性”的概念，看不见父母，就认为父母永远不在了。过早分房容易给孩子造成安全感缺失，为安全的依恋关系埋下隐患。在主卧放置独立儿童床，方便父母对幼儿的需要进行即时回馈，孩子会感觉自己是被爱包围的。

3 预留充足的收纳空间

居住环境的美观、整洁、有序，会给孩子带来秩序感，而秩序感则会带来熟悉感，进而产生安全感。对室内空间进行功能分区及合理布局，充分考虑儿童玩具、辅食、衣物、清洁用品、出行工具的合理收纳，整洁有序摆放，会维持和增强孩子的安全感。

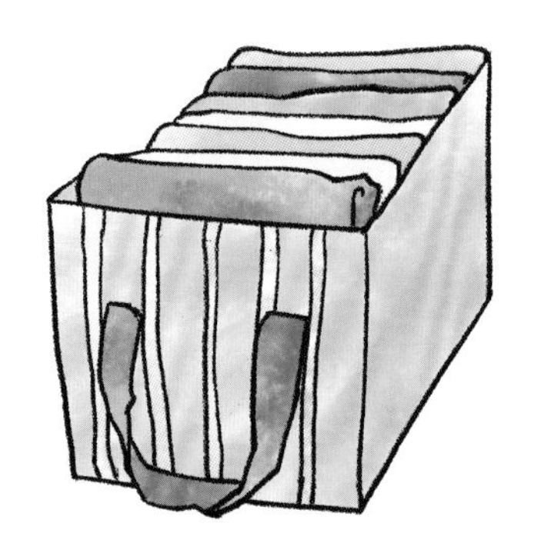

案例 1：为孩子开一个专属儿童门

扫码查看
游走全景图

项目坐标：

天津

主案设计师：

王景伟

户型信息：

109 m^2（3 室 2 厅 1 厨 2 卫）

家庭结构：

业主夫妇、即将出生的新生儿

户型诊断：

① 北向的书房面积小且采光不佳

② 南向次卧与主卧距离远

业主需求：

要考虑好未来儿童房的设计

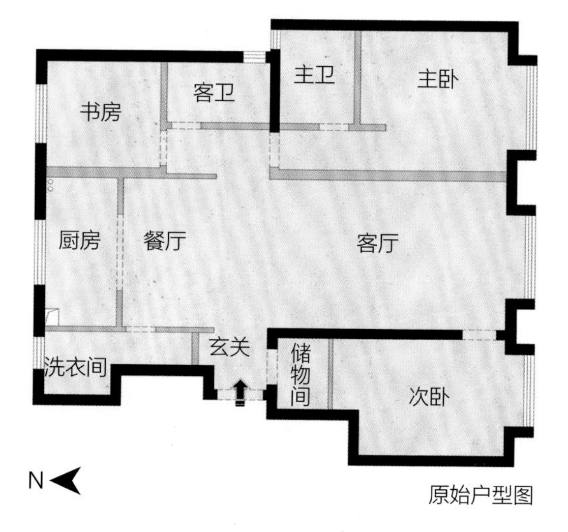

原始户型图

平面布置图

减轻新手爸妈负担，给孩子更高质量的陪伴

主卧

在孩子刚出生的几个月，将婴儿床布置在主卧中。床头位置配置独立小冰箱、温奶器等设施，新手爸爸在育儿活动中可以更多地参与进来，减轻产后妈妈的身心负担。智能窗帘除了保护宝宝不被强光线刺激外，也能守护家长的睡眠。

扩大入口玄关处的储物间，方便婴幼儿手推车和其他家庭杂物的收纳，让出行更便捷。

卫生间干湿分离，提高使用效率。观察窗的设置增加了空间的通透性，父母从卫生间可以观察到孩子在客厅的动态，方便随时交流。

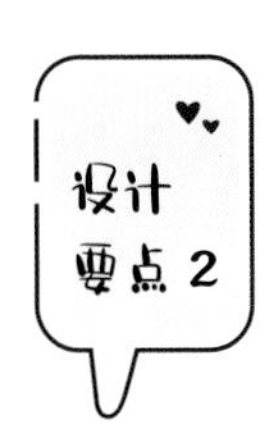

主卧—客厅—儿童房串联，方便爱的表达

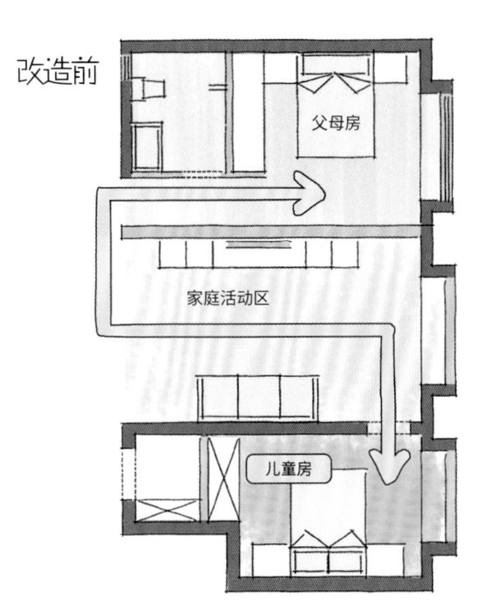

父母房、家长活动区和儿童房之间的动线较远，幼儿容易产生不安全感。

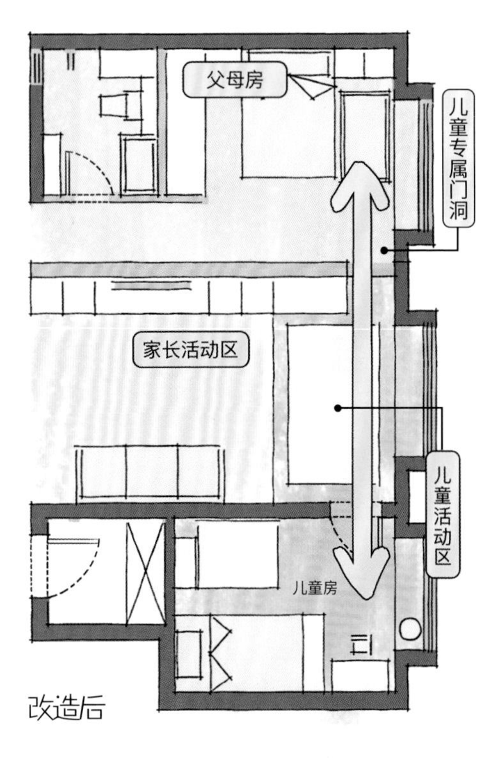

在主卧设置儿童专属门洞，缩短儿童房与父母房之间的动线距离，让孩子在独立的空间中也有安全感。在客厅设置儿童专属活动区域，连通父母房与儿童房，让空间更具整体感。

将客厅的儿童活动区做抬高处理，且抬高延伸到专属儿童空间，孩子不仅能够更近距离地与家长接触，还能以更平等的视角和家长交流，形成更稳定的安全依恋关系。

客厅和主卧之间的进出口高度为 1.2 m，孩子身高超过此高度前都能随时通过此进出口和父母沟通交流。

儿童专属多功能房，兼顾成长性与秩序感

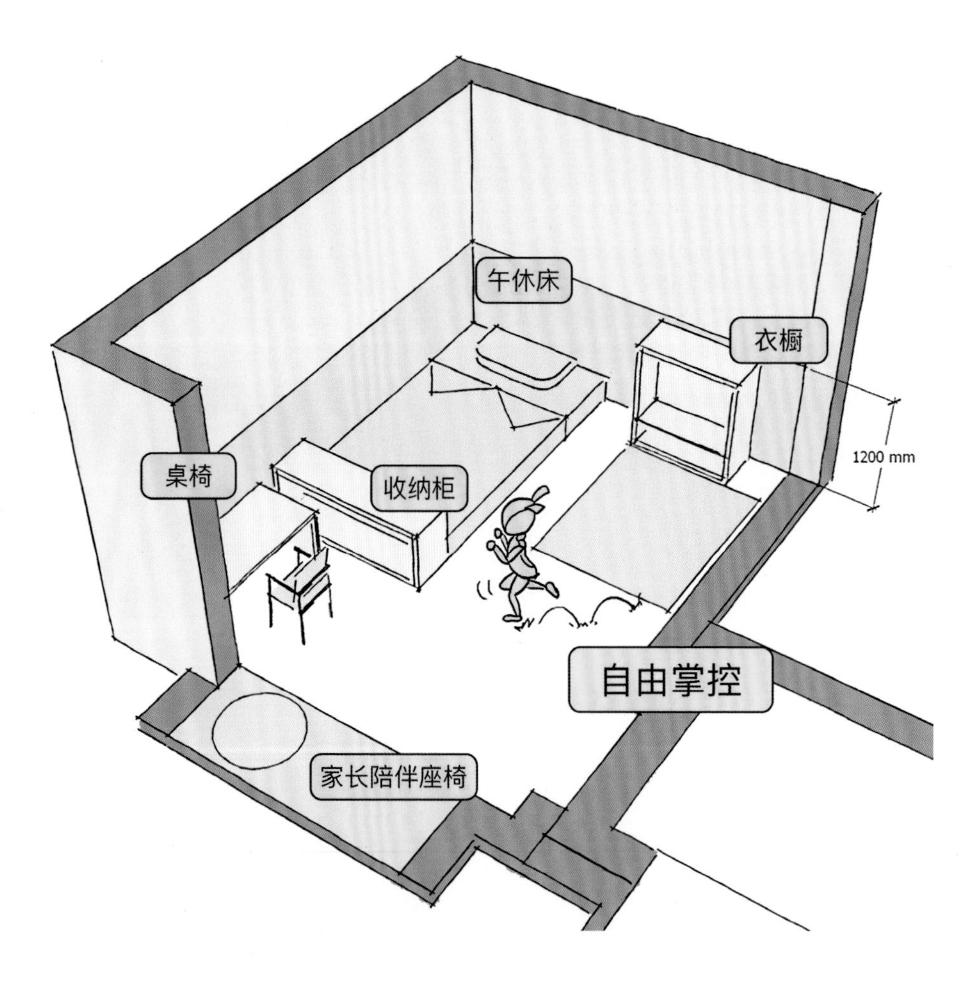

意大利著名儿童教育专家玛利亚·蒙台梭利说：“应该为孩子预备一个有秩序、合乎常理的环境，而环境中最重要的三部分是人、事、物。”

孩子在有秩序的人、事、物安排中稳定而安心地成长，会更容易形成安全的依恋关系。

多功能房中用床垫代替床的功能，在儿童年龄较小时更加安全。选择符合儿童身高的桌椅、开放柜等物品，等孩子长大后可自主收纳玩具和衣物，增加对空间的熟悉度和掌控感。

在儿童活动区，利用飘窗打造家长专属陪伴座位，让家长更好地参与到儿童活动中，给孩子更多陪伴。

设计充分考虑家的成长性，孩子长大后可将多功能房改造成儿童卧室，增加书桌、书架、衣柜和单人床。在硬装阶段要充分考虑插座及灯具的点位预留。

父母的爱才是最好的设计

只有在饱含爱意的相处中，孩子才能和父母建立安全型的依恋关系。我们既是被孩子依赖的养育者，也是依赖孩子而不断完善自我的学习者。空间设计中对于安全感的打造，父母的“爱”才是最好的设计……

第二节

安全可控的居住空间，让孩子尽情探索

家居环境的“杀手”，不仅仅是甲醛

婴幼儿在成长过程中对外部世界充满了好奇，喜欢通过探索活动来了解世界。然而婴幼儿不具备完善的安全意识，让探索充满了危险和不确定性。

打扮家居住方式与生活研究中心访谈了 132 位家长业主，其中有 90% 以上的家长表示，在家居设计中，最关心的就是“儿童的安全”，但往往大家考虑到的只是“防甲醛”“防坠落”和“防夹手”等部分安全细节，缺乏全面而系统的空间安全设计理论。

在打扮家成长设计五大原则（适度安全、儿童友好、空间创造亲密关系、成长可变、空间引导儿童独立）中，最为重视的就是“安全”的打造，并形成了完整的“安全的环境空间”理论体系，系统地打造家长放心、儿童健康成长的空间环境。

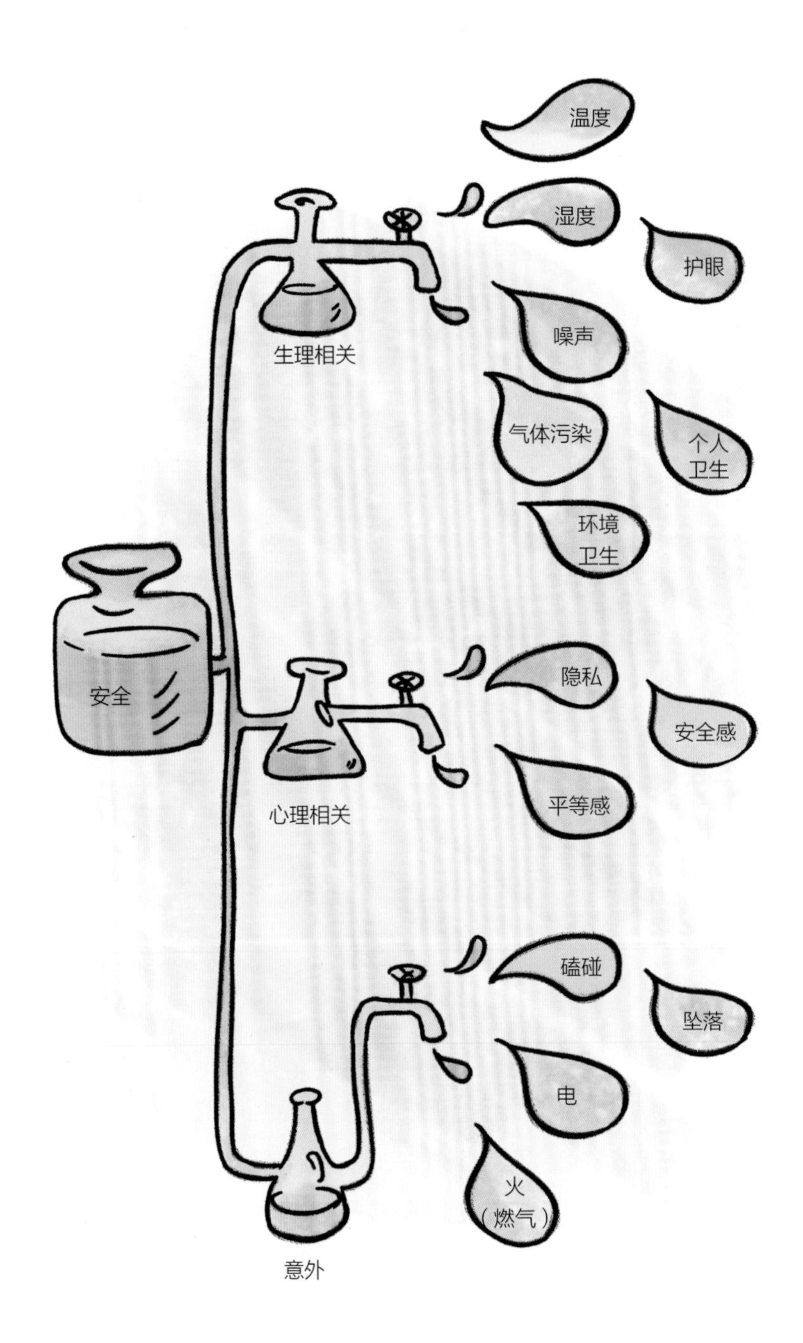
温度
湿度
护眼
噪声
生理相关
气体污染
个人卫生
环境卫生
安全
隐私
安全感
平等感
心理相关
磕碰
坠落
电
火（燃气）
意外

环境检查：这些你家中招了吗？

☐ 墙角、桌角过于尖锐。

☐ 低位插座没有安装防触电保护盖。

☐ 1 m 以上的斗柜没有固定在墙上。

☐ 高层儿童房的窗户没有安装防护围栏或安全锁。

☐ 放置刀、叉、剪刀等锋利器具的抽屉没有安装安全锁。

尽管家长们努力看顾孩子避免他们受伤，可是安全环境相关事项琐碎繁杂，总有家长看顾不到的时候。当我们开始为家庭设计成长的家时，就应当把安全问题摆在第一位。

安全环境的五大原则

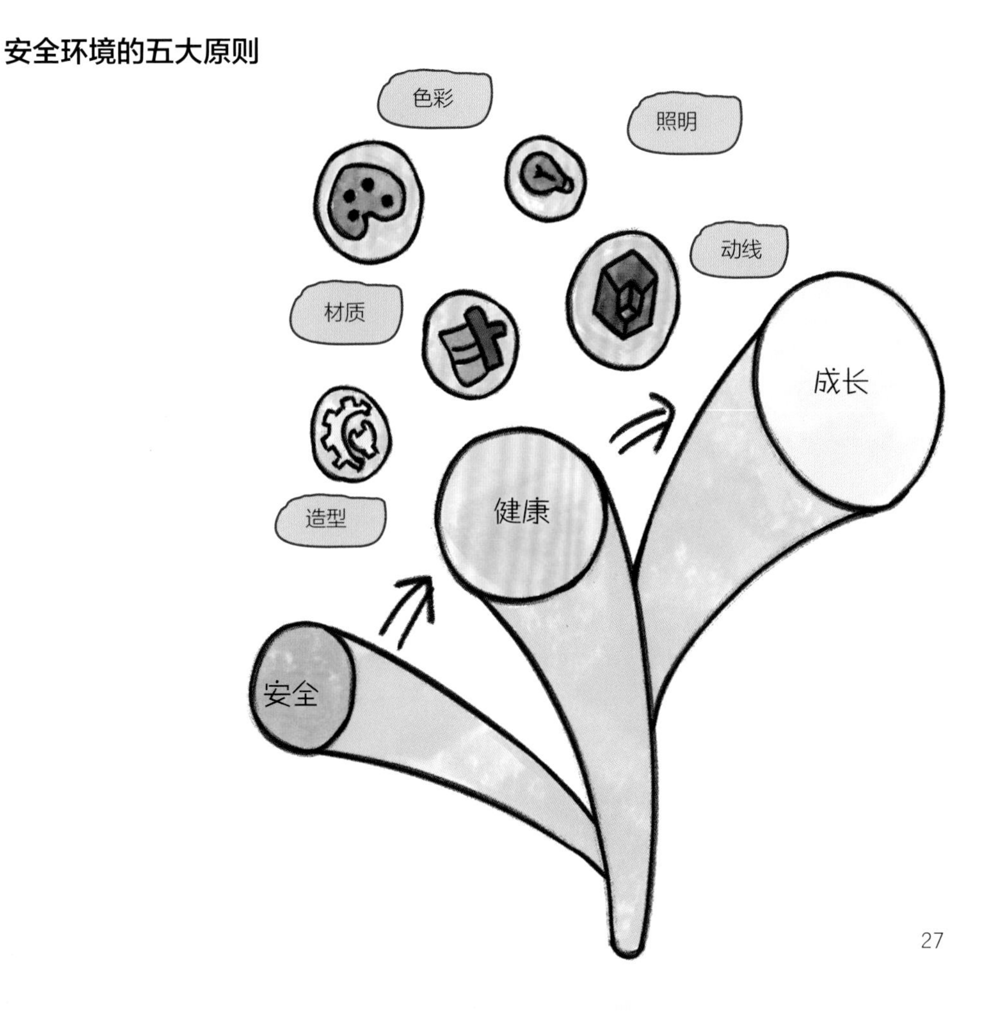

1 设置合理流畅的动线

保持流畅的合理动线并预留足够的空间，让孩子能在开敞的空间进行充分的活动，尽情跑跳，避免因空间过于狭小而在活动中受伤。同时，合理的功能分区和动线设置还能保证室内环境的采光和通风，让居住环境更加舒适健康。

2 选择安全环保的材质

选用饱和度、明度均低于 70 的家具（涂料颜色越鲜艳，重金属含量越高）、材料（特指实木涂刷油漆类），少用添加黏合剂的装修材料，避免甲醛、苯、铅、汞化合物等有害物质。装修完毕后需通风晾置，检测室内空气质量达标后入住。家具的关键节点需特别加固，并时常检查。

3 避免选用尖锐的造型

在儿童可接触范围内，避免放置棱角尖锐和易碎物品。家具以圆滑软质造型为主，防止孩子摔倒或磕碰。孩子本能地会喜欢圆形的家具或是树屋、帐篷等可以藏身的地方，这些造型既有童趣、美观，又会给孩子一种包裹感，而包裹感则会带来更多的安全感。

4 使用低饱和度的色彩

居室或家具宜选用低饱和度的色彩，让孩子情绪更稳定，更有利于保护孩子睡眠，增加安全感。陪衬色或点缀色可选用高明度、饱和度均为 70 ~ 80 的色彩，让孩子更有活力。针对不同性格的儿童也可以选取不同的颜色，如对于性格内向的孩子选用对比较为强烈的色彩，而对于性格外向的孩子选用高明度、低饱和度的色彩。

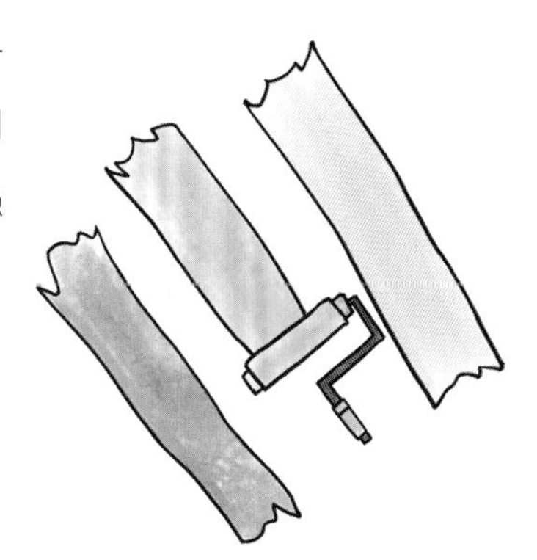

5 布置充足柔和的照明

要保证照明充足柔和，但孩子床头的上方不要放筒灯或射灯，可使用带遮光角的灯具降低眩光值，保护孩子视力健康。一般可采取整体与局部两种方式布设：当孩子游戏、玩耍时，以整体灯光照明；孩子看图画书时，选择局部可调光的台灯来加强照明。此外，还可以在孩子居室内安装一盏低瓦数的小夜灯，方便孩子起夜。

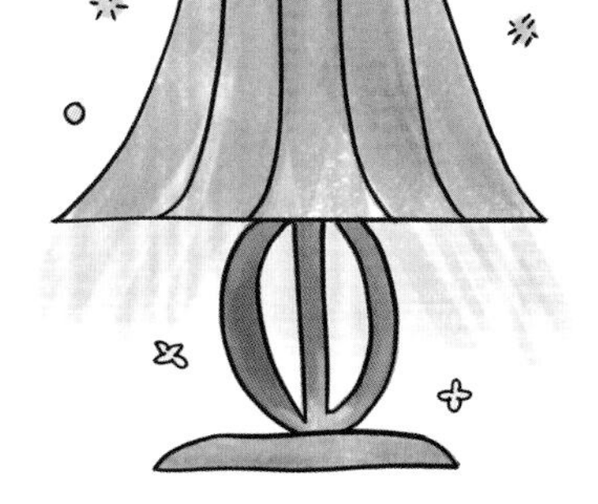

案例 2：台面阳角弧形处理，保证孩子安全

项目坐标：

天津

主案设计师：

王思宇

户型信息：

71 m² (3 室 2 厅 1 厨 1 卫)

家庭结构：

业主夫妇、2 岁儿子

户型诊断：

①书房没有直接采光，空间闭塞、动线孤立

②餐厅空间局促

业主需求：

风格上不用过度考虑儿童元素，但在材质选择及空间设计中要确保孩子的健康安全

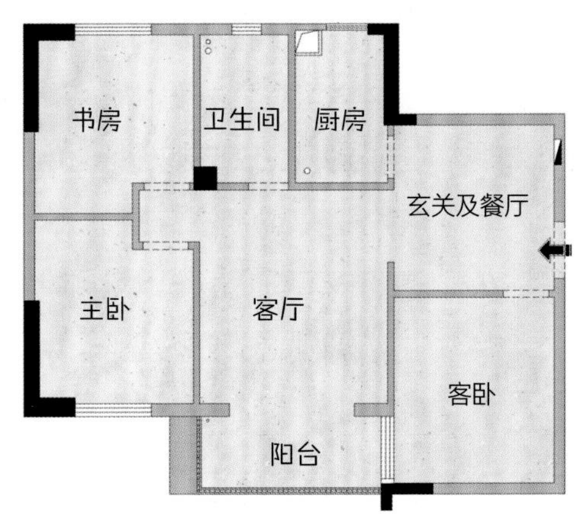

原始户型图

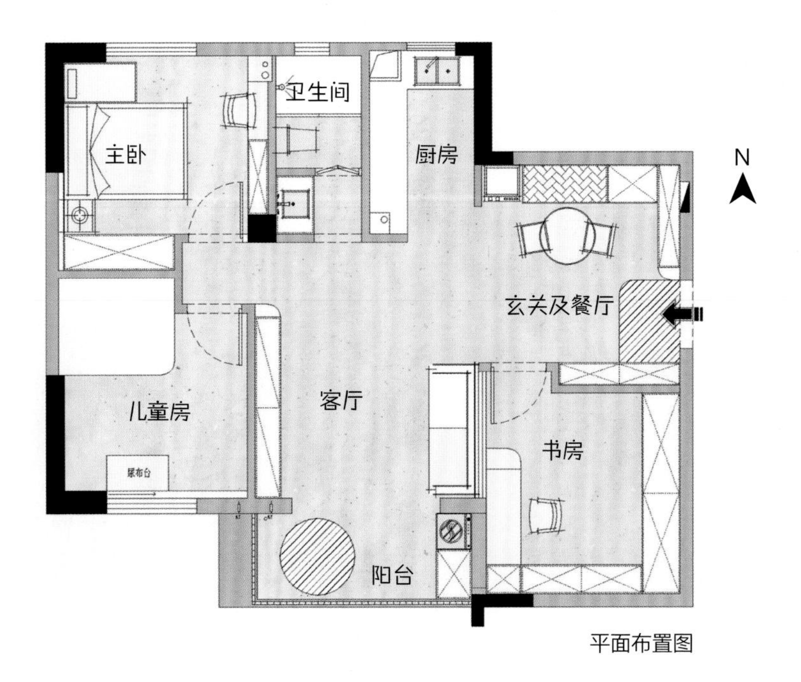

平面布置图

保证安全细节，无忧无虑地探索空间

采用全屋地毯平铺的形式（厨房、卫生间除外），孩子可以在柔软的地面上安全地爬行、奔跑、跳跃。屋内采用地暖形式，让地台自然抬高。下沉式玄关采用了地砖材质，更易清扫，地台的高度差满足了孩子坐着换鞋的需求。

空间配色尊重夫妻两人的审美选择，以夫妻都喜欢的黑白色为主色调。设计上不过度考虑儿童元素，边角处没有选择过多的硬包或软包做安全保护。高度在 1.2 m 以下的空间是孩子触及最多的区域，在设计中，将 1.2 m 以下的角柜做圆弧处理，防止儿童在奔跑过程中发生磕碰。

餐厅收纳墙内嵌卡座，将线条简化，降低幼儿受伤的风险。同时营造更多空间感，并让整体空间清爽整洁。

阳台设置窗户护栏，窗帘选用电动百叶窗，规避了普通手拉百叶窗挂绳的危险。柔和的光线进入室内，避免紫外线直射对视觉造成伤害。

阳台地面以再次抬高的方式做空间分割，利用地面高差打造出儿童沙坑活动区，等孩子长大后也能改为种植区，培养孩子的动手能力和责任心，亲近自然。

厨房区的地柜门板安装了安全锁扣，防止锋利刀具、厚重锅具等危险的厨房用品对儿童造成伤害。

室内的灯光对孩子的视力健康、塑造安全感等方面都有深远影响。在设计中，全屋灯光色温控制在 3 000 K 左右，使用暖白光，光照亮度达到 150 lx。在儿童夜间活动的区域，例如在儿童房至卫生间的路线上设置夜灯辅助照明，配合透明亚克力盖板，保护孩子夜间安全。

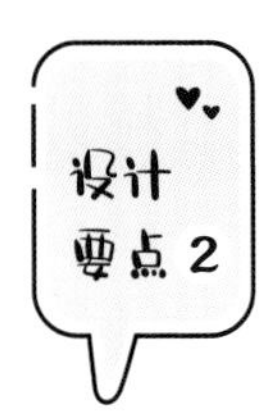

主卧—客厅—儿童房串联，方便爱的表达

书房采光只依靠生活阳台，书房与客厅空间相互独立。儿童在客厅与大人在书房的活动彼此独立，不利于家长看护。

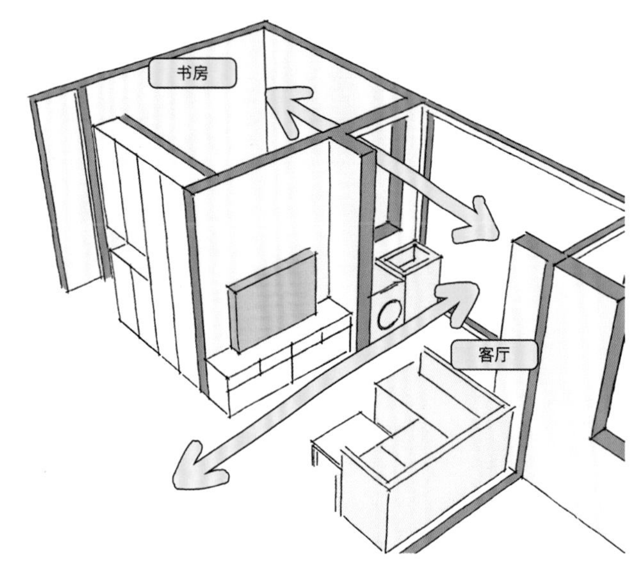

改造前

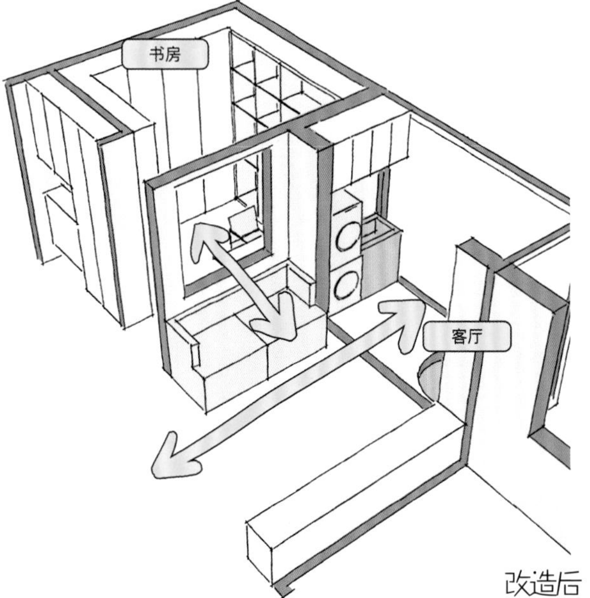

在书房和客厅之间设置观察窗，既能保证孩子在客厅游戏玩耍时的私密性，又能让大人对孩子随时看护，防止意外发生。

改造后

书房还兼备储物间的功能。收纳柜体以内嵌方式隐去过多线条，避免景观碎片化，使空间更加宽敞，也能减少孩子在家中奔跑时受伤的风险。

开敞的客厅展示出一个友好、舒适的环境，为儿童活动创造更多可能。观察窗的设计既可确保孩子活动在家长的看护之下，保障安全，增进亲子情感沟通，又能增强空间的通透感。

厨房和卫生间干区以地砖形式的不同区分出空间变化，开放式布局增加光线通透度，改善厨房与卫生间采光不足的缺点，也让家长能更好地注意孩子的动向。

儿童房设计

儿童房选在靠近主卧且朝阳的空间，引进屋外温暖的阳光，营造美好氛围。以树屋形式做空间分隔，充满童趣又不失美观，既能给孩子大胆探索、独立行动的机会，又能让孩子拥有安全的游戏和生活空间。树屋有楼梯，可拆卸，本案中孩子年龄太小，暂不安装楼梯。

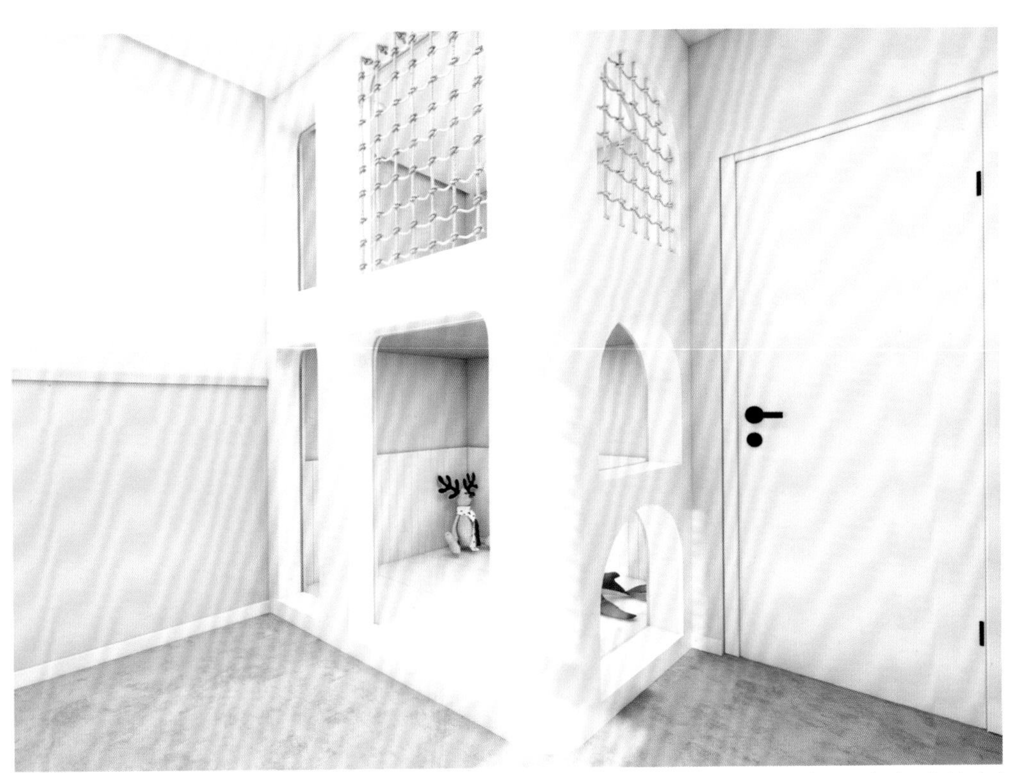

树屋的两侧均设有开放式观察窗，在树屋内也能接收到自然光线。树屋上层空间的攀爬网有助于保障安全。

儿童房在 1.2 m 以下区域做防水处理，增加可供涂鸦的黑板墙，让孩子有足够发挥创造力的空间。

不过度保护，其实是最好的保护

英国伦敦米德塞斯大学的危险管理系教授大卫·鲍尔在分析了儿童受伤的统计数据后发现，在过度的保护中，孩子们受伤的频率会持续增高。在毫无危险的环境中，孩子会失去基本的危险意识，反而陷入危险中。孩子在真实的环境中探索、学习，才能增加安全意识和自我保护能力。

第三节

多子家庭更需关注空间的公平和谐

多子家庭育儿难题：“不患寡而患不均”

除了受全面二孩、三孩政策影响以外，“想给孩子手足情的陪伴”成了很多父母生二胎乃至三胎的重要理由。

然而，很多父母在面对两个或者更多孩子时，因为精力有限，也因为孩子的年龄差异、个性不同，导致给孩子的关注度、孩子感受到的喜爱度、分配给孩子的成长资源并不公平。如果在孩子最敏感的幼年时期感受到父母的不公平对待，不论是被偏爱的一方还是被忽略的一方，都极易形成不良的性格特点，影响一生。

很多孩子为了突显自己在家里的存在感，常常会努力地表现出与兄弟姐妹的不同。比如，姐姐是运动健将，妹妹就会加倍用功读书。在孩子们年龄差别不大、性别相似的家庭里，这种现象尤为明显。

家长自省：你家出现过这些情况吗？

- □ 当面评价一个孩子："你要是像你哥哥（姐姐 / 弟弟 / 妹妹）一样就好了！"
- □ 对老大说："你怎么这么不懂事？不知道要让着弟弟 / 妹妹吗？"
- □ 只和弟弟、妹妹游戏玩耍，对老大说："你是大孩子不需要。"
- □ 老大用哭闹、尿床、含奶嘴等行为企图引起父母注意。
- □ 弟弟 / 妹妹看到老大和妈妈过分亲近，就大哭大闹或上前阻止。

多子家庭的"公平"原则：打造平等对待、尊重差异的家庭环境

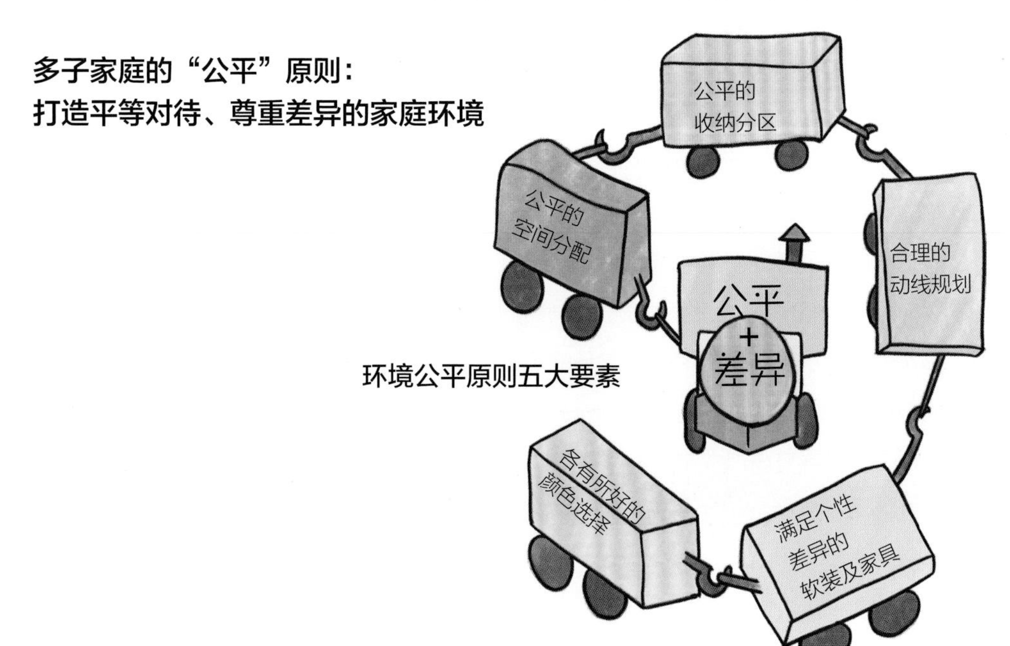

1 合理的动线规划

动线要串联起家庭的各种活动功能，连通私密空间与公共空间，还需兼顾各空间的采光和通风。通道宽度达到800 mm，可以让一家人从各自房间顺畅地进入公共区域，享受平等的亲子互动时光。孩子们只有走出各自的小天地，走入家庭共同生活区，和手足有更多的交流，才会更深入地了解到包容与互助。

2 公平的空间分配

多子家庭的特殊性在于公平的空间分配，孩子们要有自己的独立空间，内部配置收纳、休息、活动、学习等区域，并配备符合儿童身高尺度的长桌、收纳架、展示柜等。同时要有可以相互分享的空间，在保证独立的前提下促进交流，提升孩子们的共情和包容能力。

3 尊重儿童差异化的个性设计

每个孩子都是不同的个体，设计时除了要考虑公平性原则外，也要尊重孩子的个性差异。不同性格的孩子对颜色、软装和家具也是各有所好。需特别注意的是，单空间的环境内不要超过三种基本色，大面积的环境以高明度、低饱和度的颜色为主，再利用孩子喜欢的软装或小装饰品点缀空间。

案例 3：空间大挪移，打造 25 m 超长跑道

扫码查看
游走全景图

项目坐标：

福建泉州

主案设计师：

吴易宸

户型信息：

103 m^2（3 室 2 厅 1 厨 2 卫）

家庭结构：

业主夫妇、8 岁大女儿、5 岁小女儿

户型诊断：

①厨房空间小，收纳不足

②主卧狭长，空间不好利用

③北向儿童房面积小，功能不齐全

业主需求：

希望两个女儿能够有一起学习的空间，两个孩子有更多交流。希望扩大餐厅面积，一家人可以一起就餐

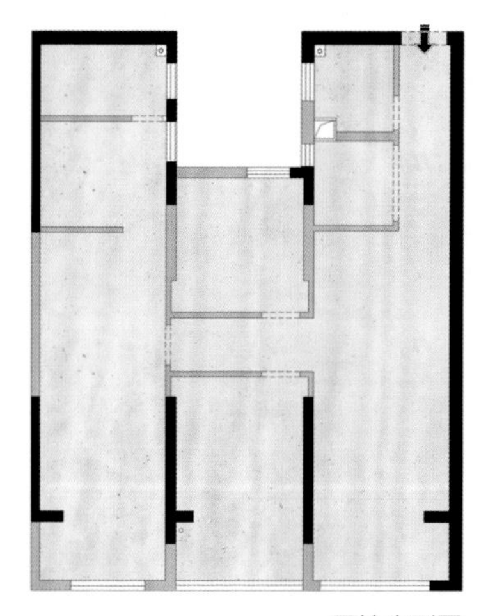

原始户型图

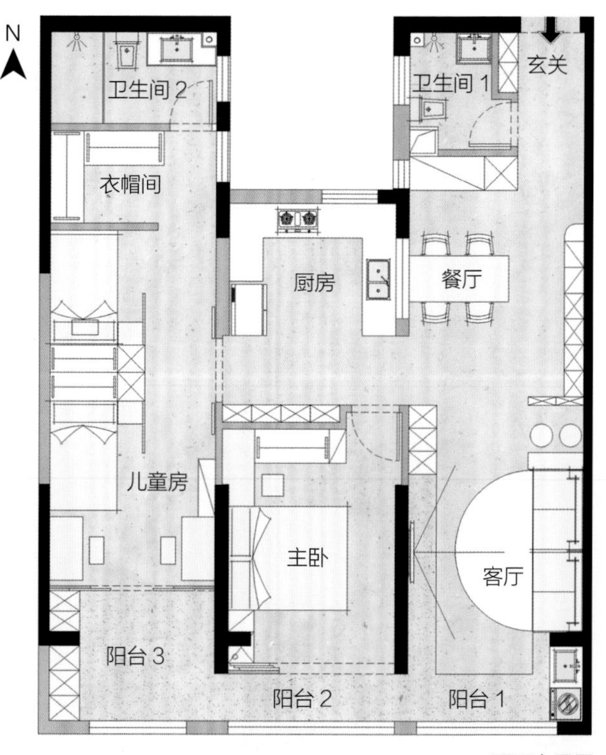

平面布置图

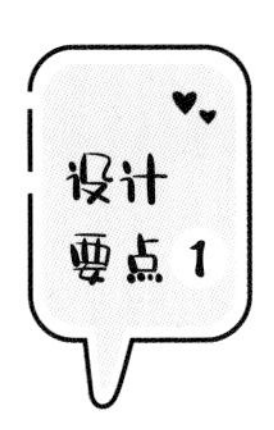

女儿房：调整儿童房位置，真正做到“一碗水端平”

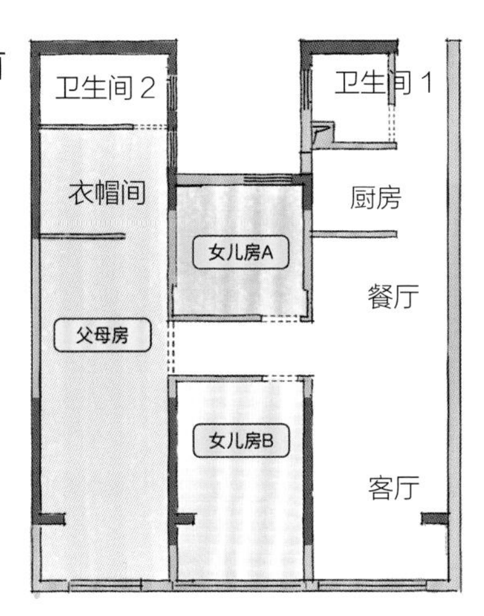

两个房间朝向一南一北，采光差异大，久而久之难免引发家庭矛盾。主卧空间为超长的套间式，极容易造成空间浪费。

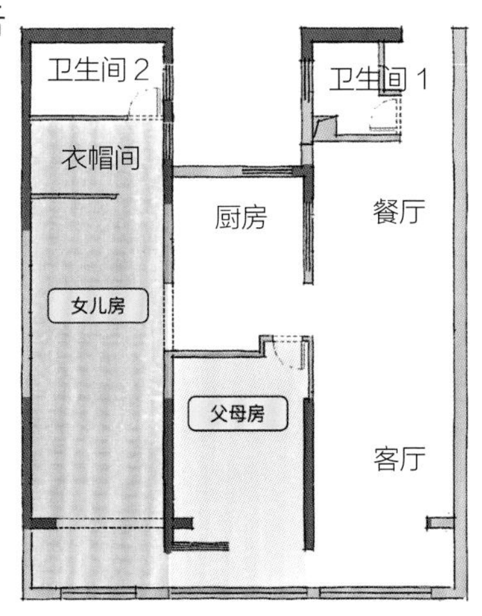

将原本狭长的主卧一分为二，改为姐妹两人的卧室。姐妹房间面积相近，朝向相同，配置公平，关起门来还能成为一个通透空间，让姐妹俩说悄悄话。

整体空间从学习功能、睡眠功能、储物功能三大方向出发，将超长空间一分为二，学习区、休息区、收纳区都遵循公平原则规划整齐。

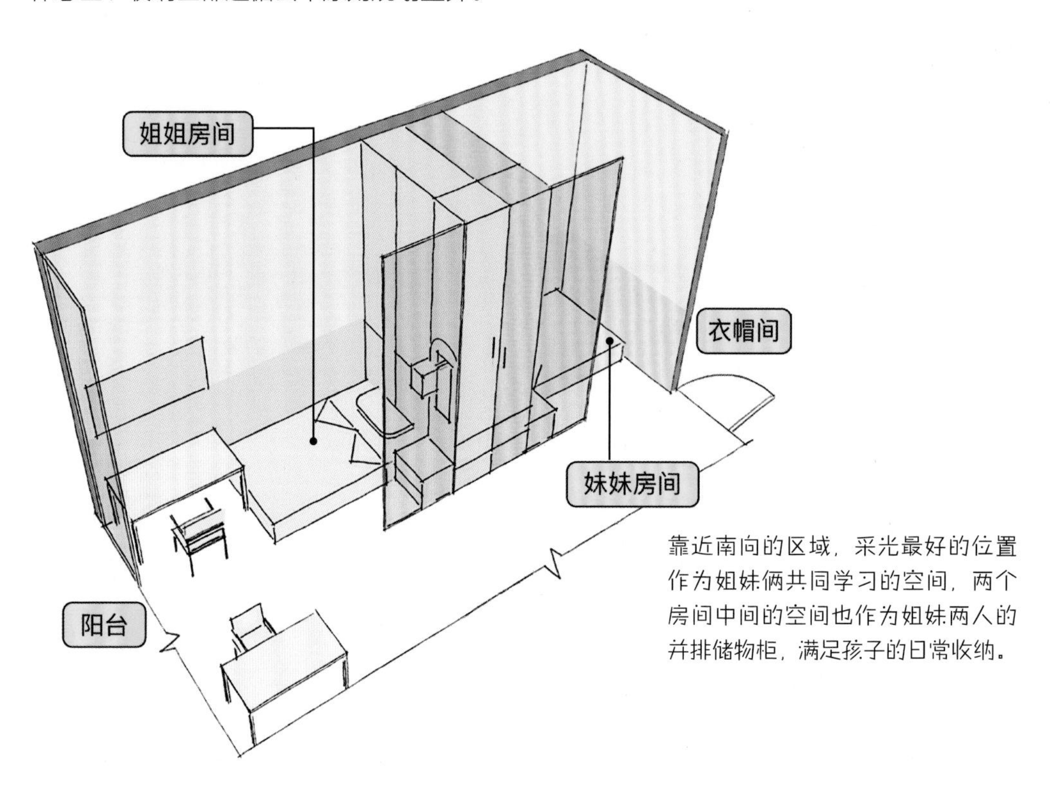

靠近南向的区域，采光最好的位置作为姐妹俩共同学习的空间，两个房间中间的空间也作为姐妹两人的并排储物柜，满足孩子的日常收纳。

储物柜以不同颜色和不同高度的拉手进行区分，公共区域的家具样式也尊重姐妹俩的个人意愿，自己挑选、自己布置。南向的学习读书区放置了大小两张书桌和一个共享的书架，书架上的收纳篮也按照姐妹俩各自卧室的颜色标出，方便区分。

空间色彩根据姐妹俩各自的偏好设置，为姐姐定制蓝绿色系，为妹妹定制粉色系。同时，妹妹的粉色空间中包含了姐姐喜欢的一抹蓝，姐姐的蓝色空间包含了妹妹偏爱的一抹粉，以更好地促进姐妹两人对彼此个性的理解与交融。

公共空间：调整厨房位置，一家人其乐融融

餐厨空间狭小、闭塞，厨房仅能容纳一人，且与全屋其他空间无交流。

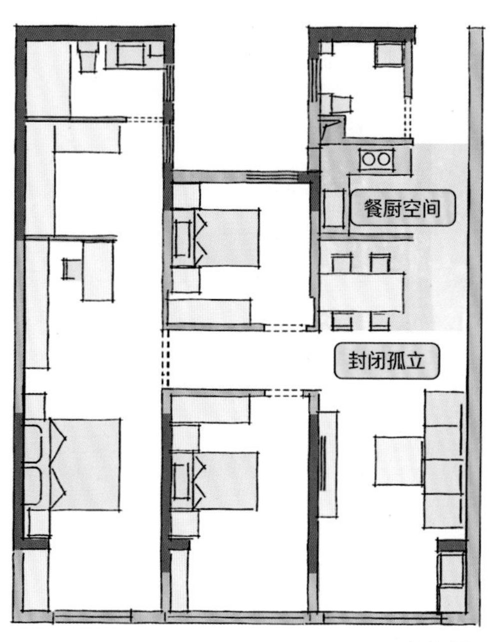

改造前

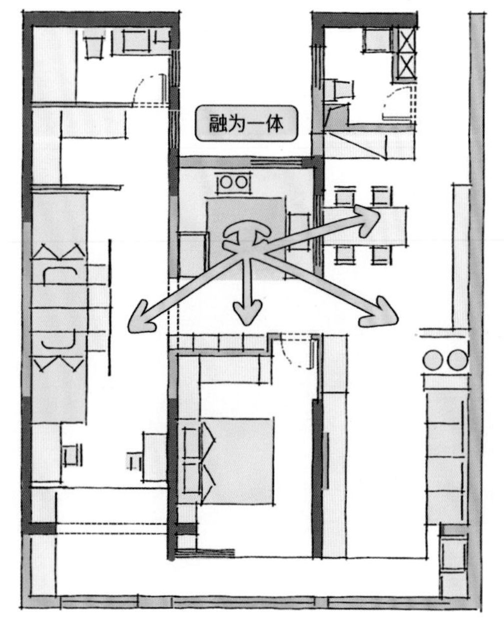

将次卧调整为厨房，将厨房和餐厅通过观察窗口打开，形成开放式餐厨空间。此空间与玄关、客厅、主卧、女儿房均有交流，可一手掌握孩子动向。

改造后

利用卫生间和餐厅之间的墙面打造迷你西厨，烤箱、微波炉内嵌在柜子内，空间更显整洁。西厨台面上可放置咖啡机、榨汁机来制作轻食，不必占用中厨空间，一家人更好配合。

拆除原本北侧书房的非承重墙部分，将封闭厨房改造成一个超大的 U 形厨房空间，最大限度地增加台面面积。双开门冰箱、洗碗机和各种小电器都有固定“居所”，满足厨房使用需求和与家人交流的需求，为亲子互动创造更多空间。

靠近厨房一侧专为女儿们打造了迷你小厨房。父母在厨房忙碌时，孩子也可以在小厨房里参与厨房活动，和父母互动交流。在真实环境中既能和家人培养安全的依恋关系，又能增加独立自主性。等姐妹俩长大后，此空间可作为家庭展示区。

动线改造：打造三连通阳台，创造流畅洄游动线

将客厅、主卧、女儿房的阳台打通，同享南向阳光，同时将公共的客餐厅、主卧、女儿们的房间都串联起来，形成跑道式洄游动线。

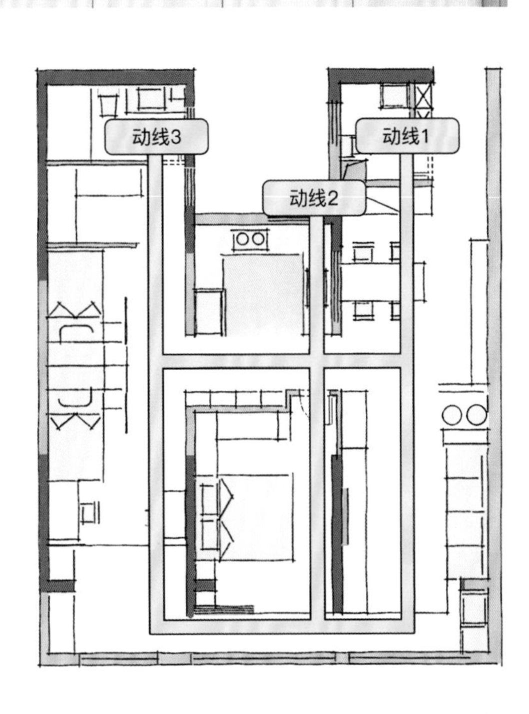

动线 1：玄关—餐厅—客厅—阳台

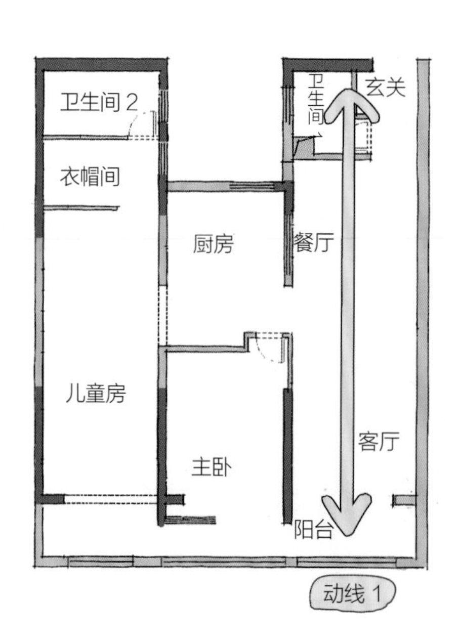

玄关处利用卫生间墙体内推，内嵌一个 1.05 m 宽的玄关柜作为入口区的收纳。对侧墙面放置穿衣镜和挂衣钩，挂衣钩按照身高差异做了上下两行，姐妹俩可以将自己的外套、帽子、书包等物品挂放整齐。

餐厅和客厅之间利用置物架作隔断，此处也可作为夫妻两人的陶艺品展示区。客厅区域采用样式较为简单的四人位沙发，满足使用需求的同时也留出通道，能让孩子们在家尽情奔跑。

电视背景选择更加实用的储物柜模式，下层储物柜与阳台的地台式储物柜相连，三组书柜挂墙，营造出简约纯净的客厅空间感。

客厅阳台作为一家人的生活阳台，选用了内嵌式的柜体，让出走道位置。抬升的通道区也能作为一家人休闲喝茶的区域，更具禅意。

动线 2：厨房—主卧—阳台

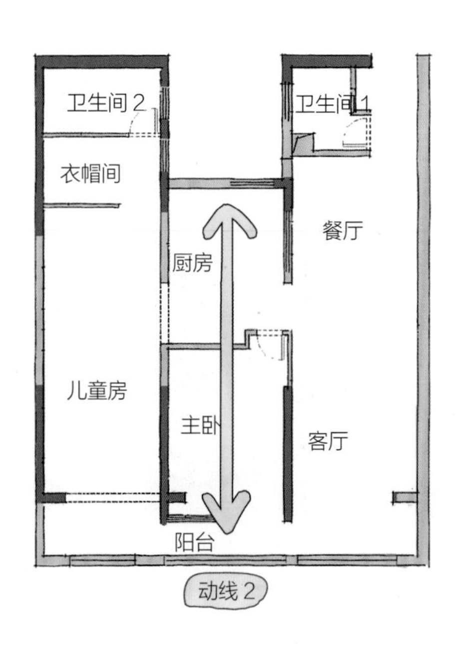

主卧作为洄游动线的中心空间，可利用双侧门的开合保证空间的独立性和互动性。主卧空间在原有空间的基础上向阳台方向扩张，将原有的 9 m^2 卧室，扩增到 12 m^2，满足储物、梳妆、休息等多重需求。

动线 3：儿童房—阳台

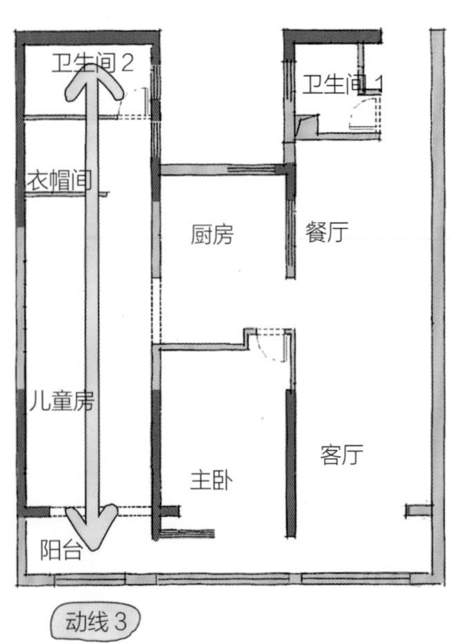

在姐妹房的南面阳台设置顶天立地的内嵌衣柜，肩负全家的储物重任。宽敞的阳台空间不仅可以作读书角，也是姐妹俩的秘密交谈空间。

尊重孩子的差异，学会包容和分享

家居设计受户型、朝向、动线等客观因素限制，在空间上，很难给家庭中的每个孩子绝对的公平分配。而我们提倡的公平原则，并不是物理空间的绝对公平，而是父母尊重孩子的差异性，满足每个孩子不同年龄段的需求，同时给予正确的价值观引导，让孩子在充满爱的家庭环境中，学会包容和分享，更有利于孩子安全感的塑造。

第二章
空间规划：助推自主能力培养

体验了安全感的孩子会知道“我被爱”,从而能够更好地拥有掌控感。

体验了掌控感的孩子会知道“我能行”,从而能够更好地培养独立性。

体验了成就感的孩子会知道“我能自主做决定”，更有利于形成独立的人格。

体验了慷慨感的孩子会知道“帮助他人能成为我的生活目标”，从而更乐于助人，在成长过程中，完成从依附他人到独立自主的完美蜕变。

培养孩子独立自主的能力不是一蹴而就的，需要在家长和外部空间的共同引导下循序渐进地发展。基于儿童独立性养成的空间设计，可以让孩子在安全感的基础上，自然地习得独立自主的能力，自信地走入社会，活出精彩的人生。本章内容将以独立自主四要素：安全感、掌控感、成就感、慷慨感为核心提出空间设计的建议，为独立自主的孩子打造一片宜居的天地。

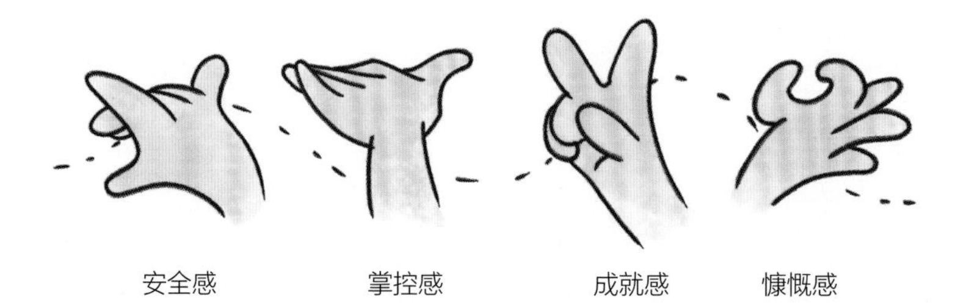

安全感　掌控感　成就感　慷慨感

第一节

关注自己：安全空间更放心让孩子独立行动

若不能独立，就谈不上自由

任何教育活动，如果对幼儿教育有效，就必须坚持帮助幼儿在独立的道路上前进。

——玛利亚·蒙台梭利

掌控感，是独立自主的第一要素。在家庭活动中，让幼儿独立完成力所能及的事情，会让孩子获得自信，并从一系列的锻炼中获得掌控感。

父母对孩子的爱都是无私的，在孩子的成长过程中，父母都尽自己所能地为他们提供各种帮助，满足不同需求。但是，家长不能陪伴孩子终生，当孩子长大后独自面对人生的困境时，是否具备了足够的能力，能否独当一面地承担起责任呢？

“父母之爱子，则为之计深远。”掌控感的培养，不只是提升孩子衣食住行等自理能力的途径，也是提升其自信心、责任心的重要方法，也是他们迈上独立自主的第一步。

家长自省：你家出现过这些情况吗?

- ☐ 孩子已经学会用餐具，还坚持给孩子喂饭。
- ☐ 孩子想要不远处的玩具，家长马上给递过来。
- ☐ 家长一手包办孩子可以自己完成的手工作业。
- ☐ 在孩子洗澡 / 穿衣服时不停催促，或直接上手帮孩子把事情做完。
- ☐ 孩子想参与摆碗筷、倒垃圾等家务活动，家长怕孩子受累，不让他们参与。

有一些父母怕孩子给自己添麻烦，不让孩子插手自己的任何事物；还有一些父母认为孩子属于自己，以爱之名过度控制，从吃饭叠被到工作结婚都一手包办，培养出名副其实的“巨婴”。

孩子终将长大，父母学会放手，孩子才能走向独立。打造一个让他们可以独立“做自己”的“儿童世界”，在成长过程中尤为重要。环境的真正作用，在于帮助儿童塑造完整的自我构建体系和成熟的心智模式，让孩子具备独自面对的能力，成为独立而完整的个体，面对真实的世界。

掌控感螺旋：
正向反馈机制，成就“我能行”

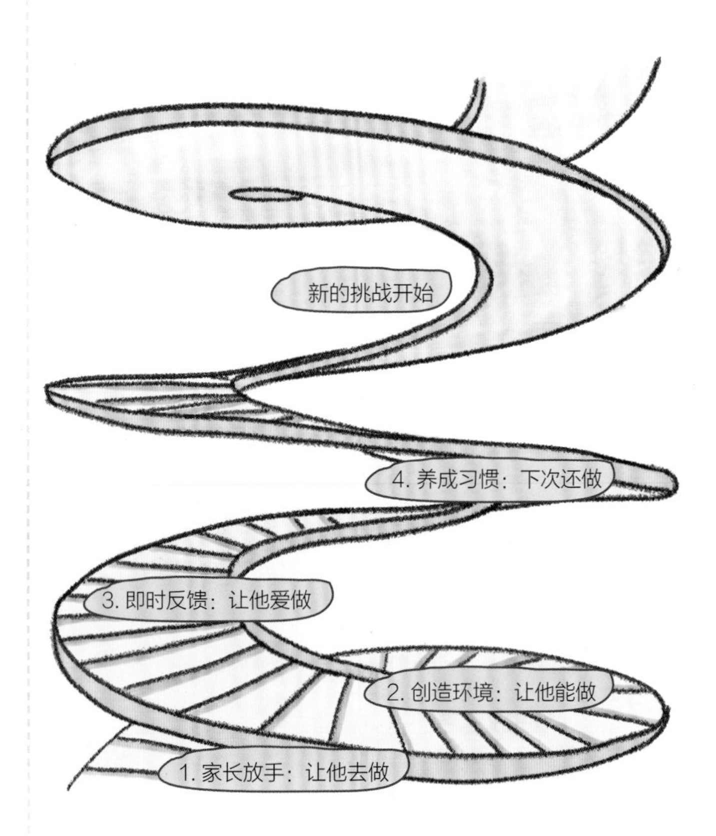

创设让家长放心的环境

家长放手是让孩子独立探索的第一步，系统地排除家居环境中的安全隐患，在设计初期，全面打造让家长放心的安全环境（详见本书第一章第二节）。同时，让空间之间相互渗透，视线不受阻隔，家长也能在不干扰孩子的情况下对孩子放手，让孩子对不同的事物进行尝试，在尝试中获得对事物的认知。

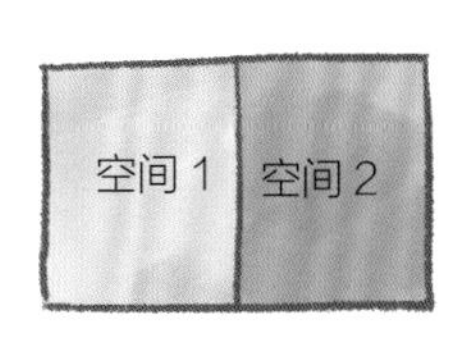

传统空间形式

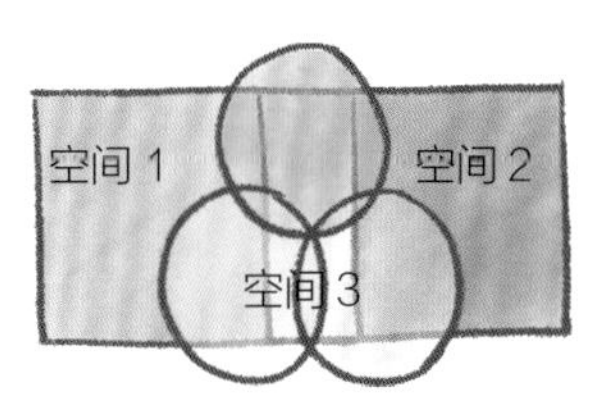

相互渗透的空间

设置辅助工具并考虑其收纳

在环境建设上，为孩子打造“儿童专属友好型环境”，例如设置符合儿童身高的儿童坐便器、儿童餐椅等设施，准备稳固的儿童站立凳并规划站立凳的收纳位置，以便于儿童使用成人高度的台面和工具。为儿童独立自主做事提供环境支持，充分满足儿童独立探索的欲望，家长再适时地给予协助与引导。

符合儿童人体工程学的环境设置

1.2 m 以下是 7 岁以下儿童经常接触和视线可达的区域，家庭环境中可在高度 1.2 m 以下区域布置小黑板、展示区等，鼓励孩子的自主行为，让孩子逐渐爱上掌控感带来的自信感觉。

案例 4：衣帽间，联结亲子关系的“亲密通道”

项目坐标：

河南郑州

主案设计师：

王思宇

户型信息：

108 m^2（4 室 2 厅 1 厨 2 卫）

家庭结构：

业主夫妇、4 岁女儿

户型诊断：

①客卧空间不足，无法放置衣柜

②没有玄关位置，餐厅空间显局促

③厨房操作台面过小

业主需求：

女儿比较依恋母亲，胆子比较小，希望这次房屋设计能够帮助孩子分房睡

原始户型图

平面布置图

设计要点 1

客餐厅一体式布局，低处收纳更方便

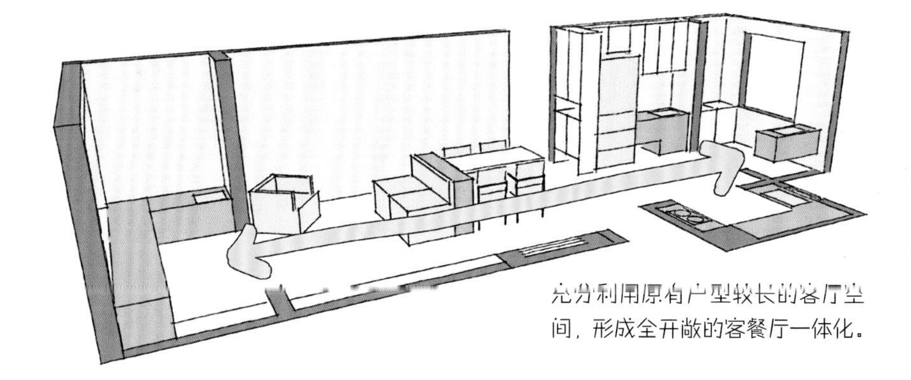

充分利用原有户型较长的客厅空间，形成全开敞的客餐厅一体化。

客厅沙发采用轻便可移动的款式，根据需求随时改变位置，增加活动空间。暗藏的投影设备既可节省空间，又可满足家庭观影需求。

在客厅空间一角布置儿童沙发、书桌形成阅读角，利用灯光及背景材质，营造公共空间中的私密氛围。

客厅整面墙的储物柜下方全部采用藤编盒来收纳，孩子可以轻松帮父母收拾客厅小物件和自己的玩具，方便养成自主收纳的习惯。客厅的观察窗背面是儿童房的阅读区，既能增加空间的连通性，也可让父母和孩子遥相对望，双方更安心。

将采光最好的阳台打造为室内小花园，让孩子在室内就能接触到更多植物。右侧增加适合儿童高度的砌筑水池，孩子可以独自完成浇花的工作，也可以种下自己喜欢的小植物，陪伴自己成长。

孩子经常在阳台跳舞，家长可以坐在卡座的观众席上欣赏孩子的舞蹈表演。阳台左侧用可开合的格栅作隔断，做成隐形储物空间，放置家庭杂物。

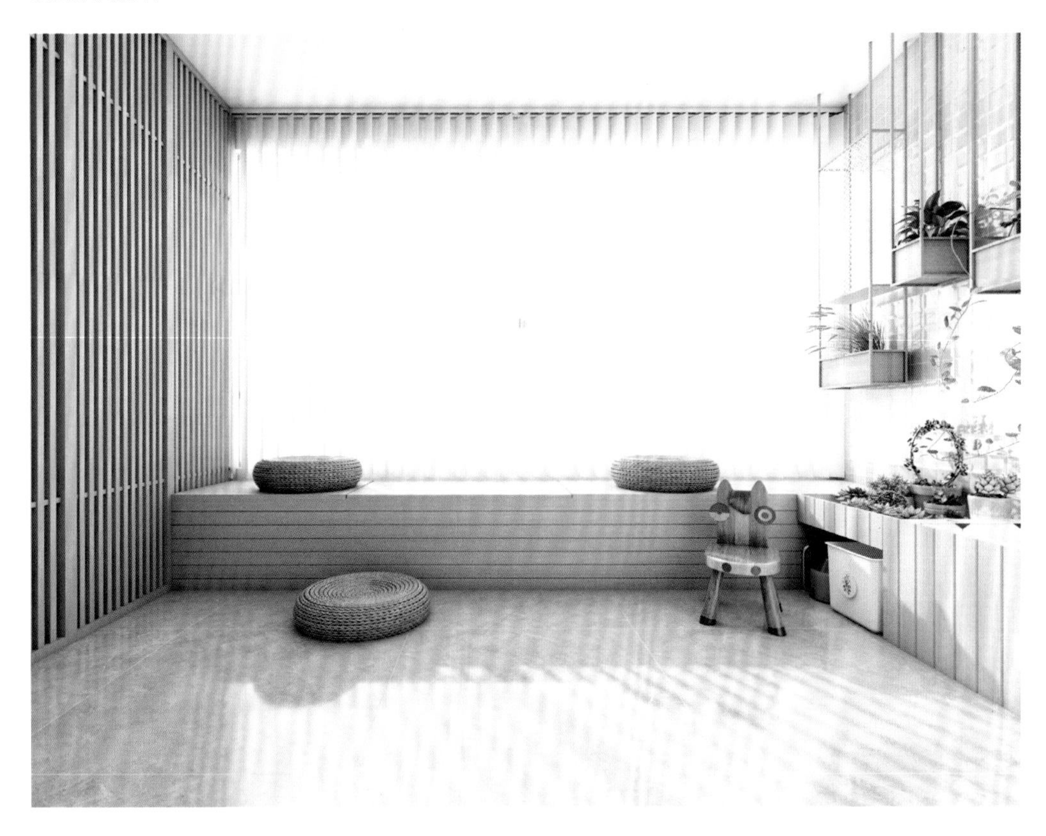

扩大厨房空间，创造一家人都能使用的多功能区域

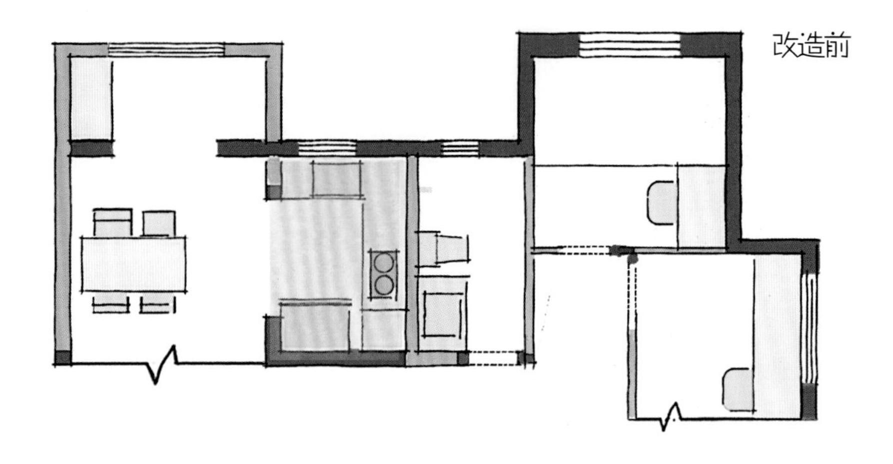

餐厅空间小，收纳空间不能满足一家人的使用。

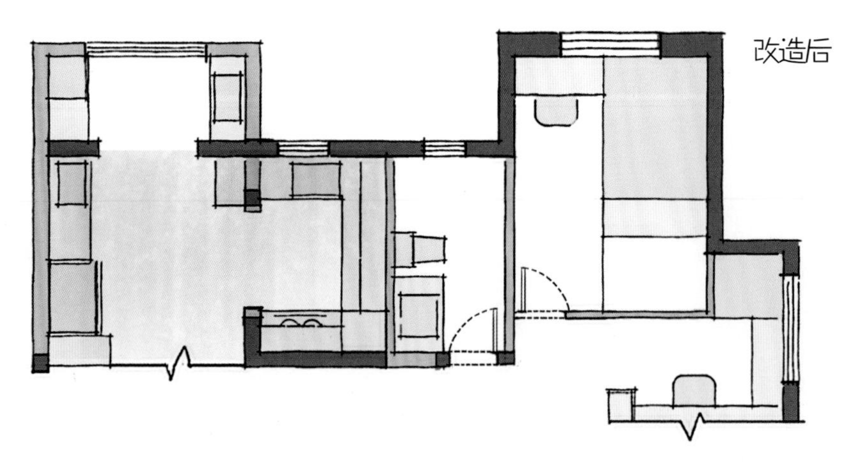

将原餐厅空间作为西厨区域，满足全家人对美食的高要求，也扩大了厨房储物面积。新增的台面配备儿童凳，让孩子帮助家长做力所能及的事。

厨房外的小桌板也是预留给孩子的，在这里可以完成帮父母切水果、摆盘的工作。桌板是可收纳的，方便随时折叠收起来。

阳台的洗手池可以满足日常清洁小物件的需求，也可以从小培养孩子洗小衣服、小抹布的卫生习惯。

厨房右侧增加了家庭记事板的功能，孩子和父母都可以动手写下自己每天的行程或计划，彼此交流互动。孩子也可以用图画、贴纸的形式展示自己的成就，增强自信心和掌控感。

儿童房预留观察窗，和父母靠近更安全

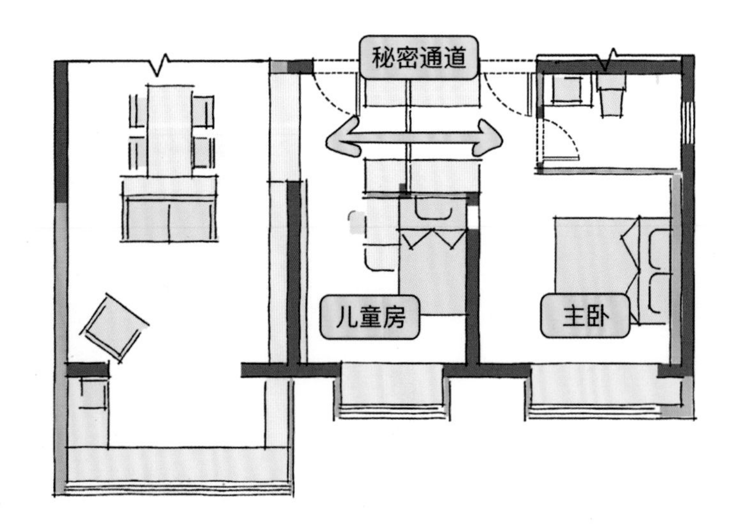

儿童房进门处设置了观察窗阅读区，孩子在阅读时，可以看到在客厅的父母，让孩子独处的时候也可以有安全感。

利用墙面空间设计了镜子、黑板和软木板三种不同功能的墙面，增设儿童把杆，让孩子在家中也有一个属于自己的舞蹈房。

儿童房衣柜设置为成长型衣柜，现阶段和主卧中间装有推拉门，可以和主卧形成连通的空间，方便父母随时照顾在房间内的孩子。等孩子长大后可以在推拉门处加装一组衣柜，与父母房形成各自的独立空间，保证双方的隐私。衣柜下方为开放格形式，孩子可以在此收纳和挑选自己喜欢的衣服。

关注家长的生活，打造专属书房区

书房作为家长日常办公的空间，同时也是他们放松心情的空间。进门位置用长虹玻璃的隔断做了景观设置，配合入口处的布帘，形成一个半开放的独立空间，保证了书房的私密性。

靠窗位置设置了一个可供单人坐卧的小空间。这个位置比较隐蔽，家长忙完家庭琐事和工作后可以在这里放松一下心情，享受独处时光。

培养孩子的独立自主不等于“不管”

在培养孩子的独立自主能力时，应先帮助孩子树立起初步的是非观念和行为规范，再让他们逐渐学会约束自己。如果动辄打骂过于严厉，会伤害孩子的自尊心和自主性；如果放任孩子随心所欲、为所欲为，会导致孩子独断专行。

孩子的独立性培养是一个由量变到质变的发展过程，千万不能操之过急，把握住“度”的问题，才有利于孩子形成独立自主的人格，养成坚韧不拔的意志。

第二节
关注意愿：私密空间让孩子拥有自主意识

自主决定，在儿童发展和心理学理论上是一种关于经验选择的潜能，是在充分认识个人需要和环境信息的基础上，个体对行动所做出的自由选择。

自主决定的潜能可以引导孩子从事感兴趣的、有益于能力发展的行为。如果孩子的自主决定性极强，那么他也就离成功更近。在孩子的成长道路上，家长不能把孩子作为自己的附属品，而是要将孩子作为独立的个体，尊重、平等地对待。让孩子自主选择，更有利于培养孩子的独立自主能力。

家长自省：你在无意识间帮孩子做了多少决定？

☐ 孩子想自己决定穿什么，家长还是坚持帮孩子搭配好衣服。

☐ 做饭时很少问孩子喜欢吃什么。

☐ 没问孩子意见，直接给孩子报了兴趣班。

☐ 孩子举棋不定时，家长缺乏耐心等待，甚至会直接帮他做决定。

有些父母对孩子有强烈的掌控欲，习惯性地替孩子做决定，事无巨细地干涉孩子的所有行为和决定。甚至无视孩子的心理边界和行为边界，更剥夺了其自主决定权。如果孩子完全听命于父母，那么久而久之他就会认为自己是无能的，越来越不自信。

孩子的自主决定能力需要从小培养，在孩子学步、分床等重要行为发展阶段，利用环境为孩子打造一个传递爱和尊重的空间，慢慢地训练孩子的自主能力，不但能让孩子成长的每一步踏得更稳健，也能让他逐渐养成独立的性格。

独立自主成长树

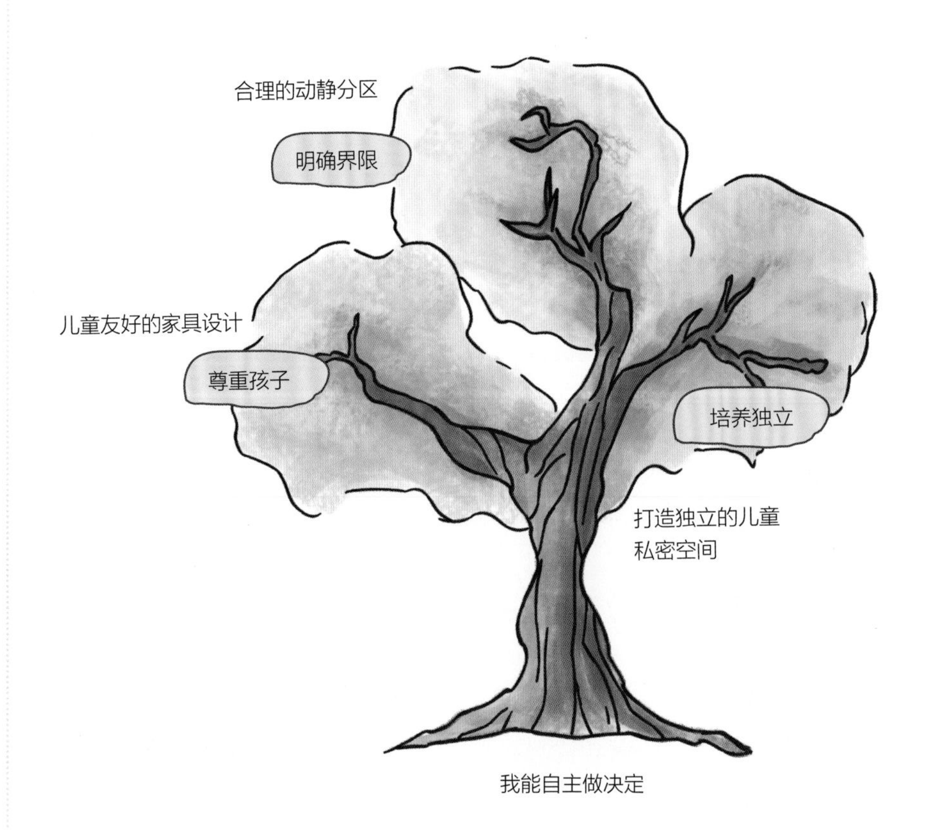

打造独立的儿童私密空间

自主决定的首要条件，来自孩子对空间的支配权和领地意识。条件允许的情况下，在居室中设置独立的儿童房，儿童房面积（不含壁橱）应达到 8 m^2，房间开间和进深单向尺寸达到 3 m。房门上粘贴儿童喜欢的挂牌标语，让孩子随时能表达自己的想法。儿童房的功能、色彩、布置等也需要征求孩子的意见，给孩子一定的选择权利。

儿童友好的家具设计

在家中应为儿童设置符合其尺寸的家具，例如符合儿童人体工程学的写字台及座椅、定制式收纳柜打排孔及可调节层板的衣柜等设计，有利于孩子接触并参与到真实活动之中，培养儿童自主决定的能力。

合理的动静分区

合理的动静分区有助于树立界限感，让孩子了解何种决定和行为可以在何种区域开展。游戏区去掉茶几换为地垫或地毯，让孩子有足够空间玩耍、收纳玩具；读书阅读区要光线充足，足够安静，保证孩子高效专注；休息区就是休息和睡眠空间，完成心理活动的调试和转换。

案例 5：神奇任意门，打造孩子的秘密基地

项目坐标：

浙江杭州

主案设计师：

吴易宸

户型信息：

74 m^2（3 室 2 厅 1 厨 1 卫）

家庭结构：

业主夫妇、6 岁女儿

户型诊断：

①次卧使用频率低，空间浪费

②客餐厅过道空间浪费

③厨房采光不好

业主需求：

不需要两个卫生间，要尽量增大收纳面积。儿童房要有独立的衣帽间，希望给孩子打造一个有童趣的空间

原始户型图

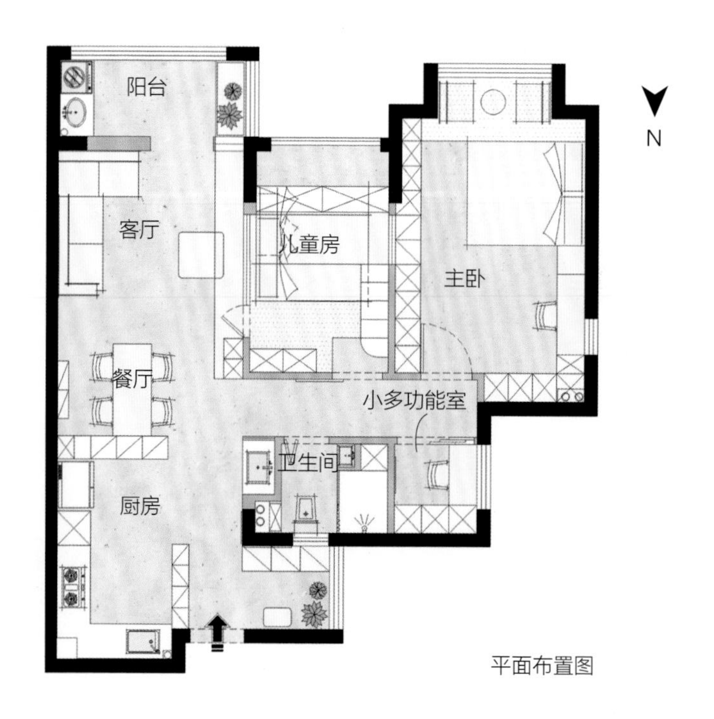

平面布置图

空间极致利用，让每一寸空间都发挥最大价值

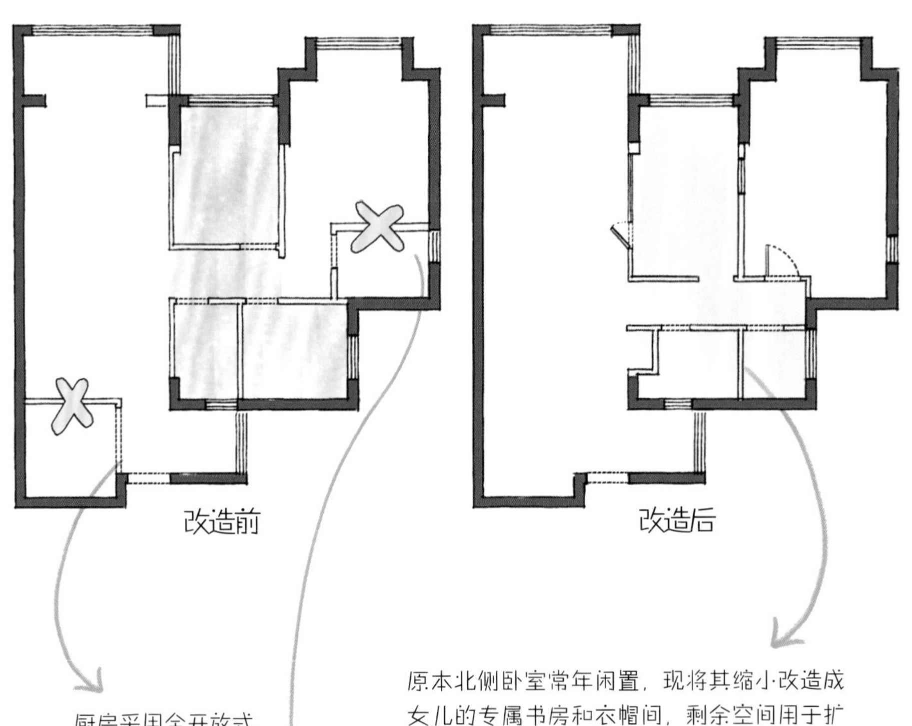

原本北侧卧室常年闲置，现将其缩小改造成女儿的专属书房和衣帽间，剩余空间用于扩大卫生间，满足全家人的使用需求。

厨房采用全开放式，连通玄关和生活区，增加空间深度，扩大厨房面积，改善采光、通风问题。

取消主卧封闭式衣帽间，减少因走道产生的空间浪费，留出更多使用空间。

增加出入口和观察窗，打造“地表最强”儿童房

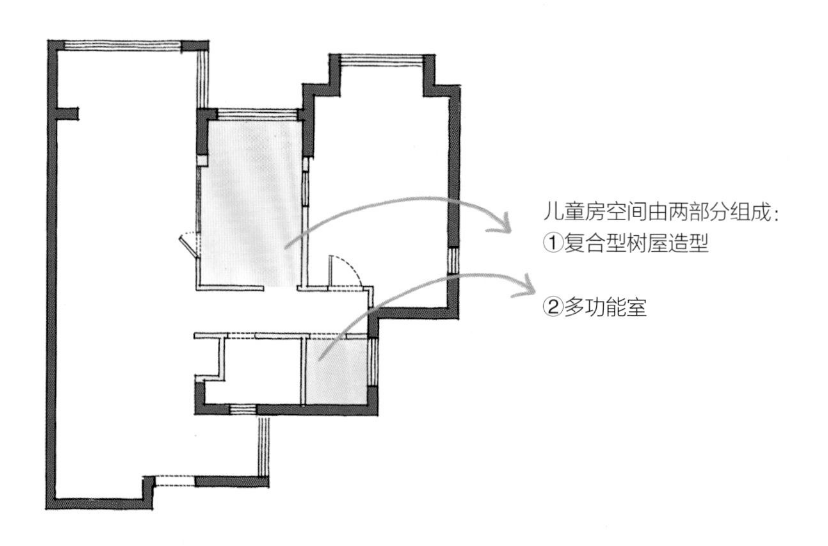

儿童房空间由两部分组成：
①复合型树屋造型
②多功能室

①

②

如何打造地表最强儿童房？
多维利用，打造复合型树屋空间！

将原有儿童房改造为跃层模式。流畅便捷的动线保证家庭成员充分的视线沟通，方便儿童玩耍活动的同时，更能让孩子自主选择路线和空间。

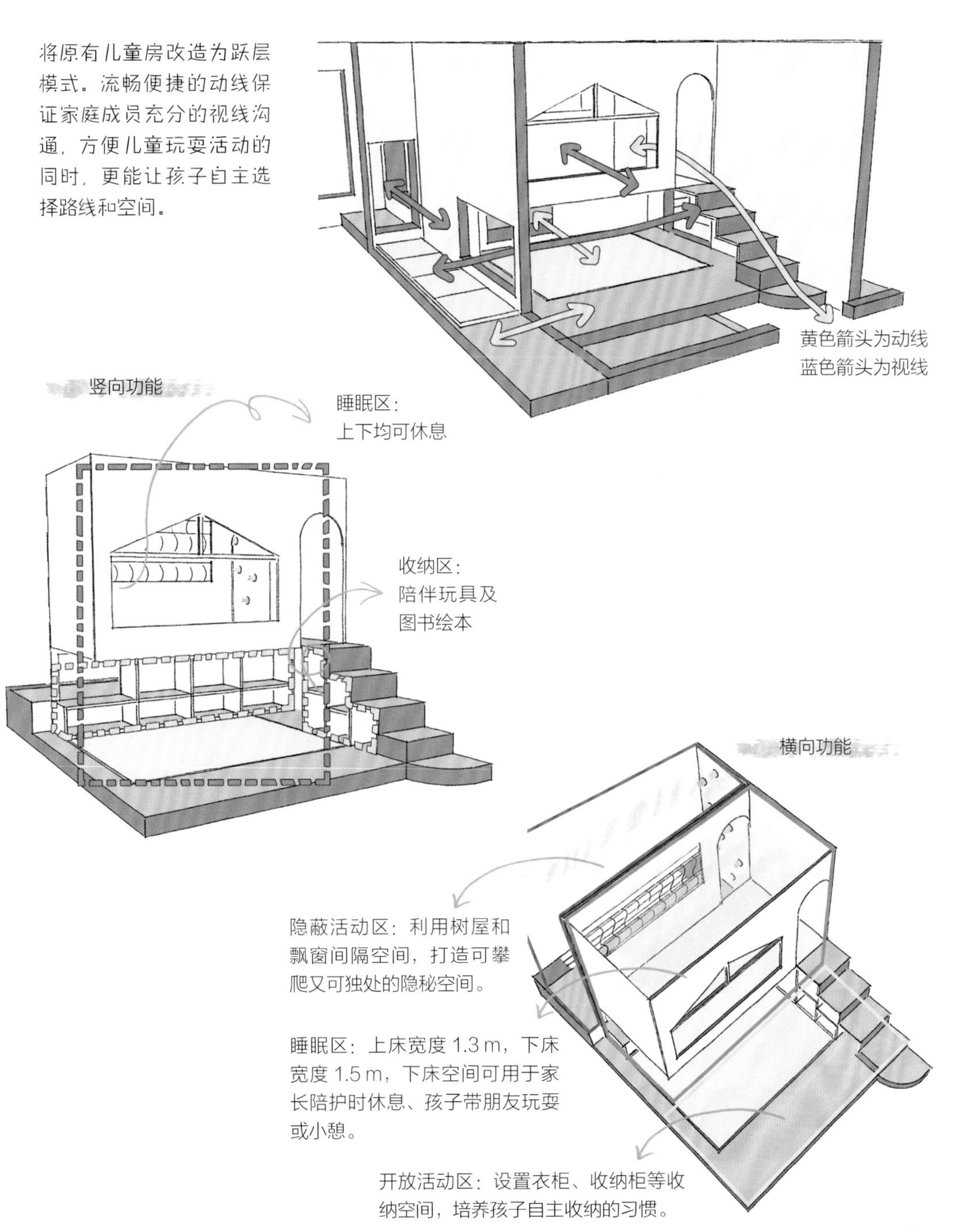

树屋结构分为上下两层，上层为能休息的睡眠空间，下层为阅读玩耍的活动区。

下层空间与客厅、主卧之间均设有观察窗，方便孩子与家长的视线交流。在客厅方向增设儿童门，孩子可以自主决定自己的方向和动线。观察窗玻璃采用智能电控雾化玻璃膜，既能让空间有关联，必要时也能互相独立，保证私密性。

楼梯空间作收纳区，每一阶楼梯都有感应灯，为孩子起夜提供方便。休息区床头做了壁橱，床头另一侧挂着壁灯，壁灯有三种灯光模式，满足不同的照明需求。

树屋二层至窗户之间为孩子的秘密基地，基地与树屋二层之间落差 70 cm，空间内设有攀爬墙、绳索、小爬梯等游乐设施。秘密基地底部为原有飘台，宽度 80 cm，足够孩子活动，增加孩子对空间的支配感和界限感。

秘密基地与一层读书区由高 65 cm，宽 70 cm 的洞口相连，方便家长随时看到孩子，同时形成闭合动线，兼顾安全感与独立性。

树屋角落放置适合儿童高度的开放柜，用来让孩子自己收纳玩具等物品。孩子长大后可更换为大衣柜，满足孩子的服装收纳需求。

多功能室作为孩子的书房和衣帽间，是静区的一部分。学习有独立的空间，衣物收纳也能完美解决。

父母学会放手，将关注重点回归自身生活

有些父母会走入一个误区，认为应该将“最好的”都给孩子，自己苦点累点没关系。一些家长认为把孩子作为家庭中心，极尽所能满足孩子的需求，代替他们做所有的决定就是爱孩子，但是久而久之，孩子会对家长的付出视为理所应当，甚至变得更加不独立、自私。

因此，父母应当正视自己的立场，学会适度放手，平等地对待自己和孩子，这也是培养孩子自主做决定的重要方法之一。

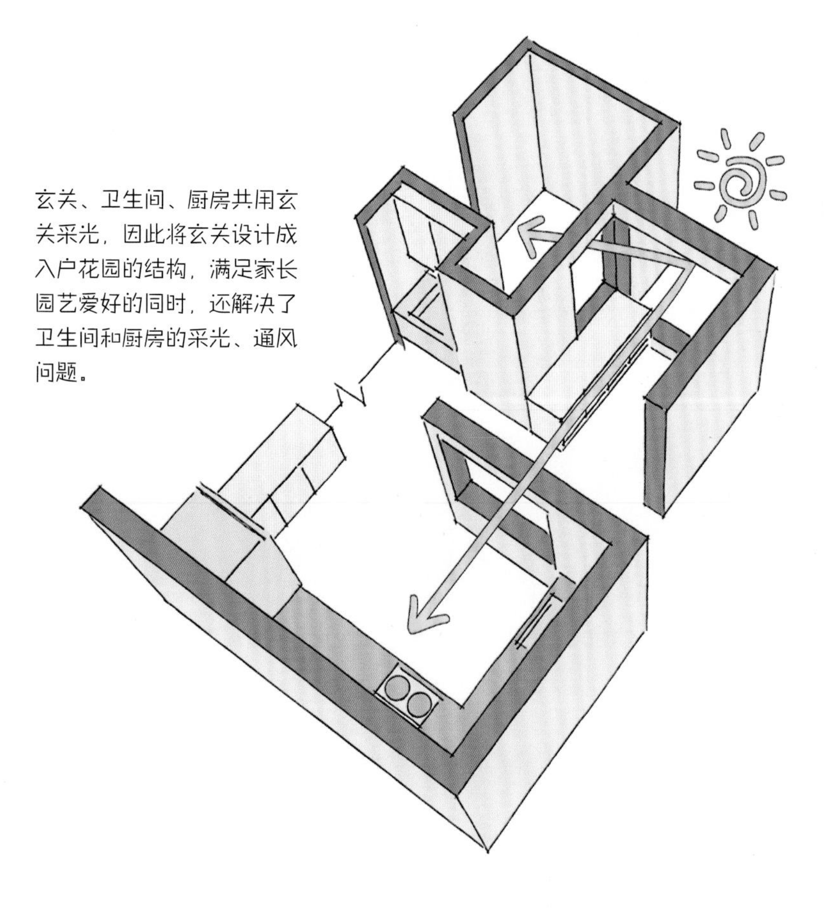

玄关区以双侧矮柜为主，既满足储物需求，也不遮挡入户视线，创造开敞空间。洞洞板可以随着女儿的长高和一家人的需求随时变化调整。简单的换鞋凳设计和绿植满足父母的园艺爱好，点缀玄关空间，营造入户的仪式感。

厨房一侧的玻璃窗作推拉处理，保证厨房的采光与通风功能，同时也让整个空间更加通透。

将原有厨房的墙体全部拆除，向餐厅方向扩展。厨房和客厅用矮柜进行隔断，既能增加厨房台面，又能充当餐边柜使用。

两个矮柜中一个与餐厅相接，一个与玄关相通，整个空间就这样融为一体。孩子可以很自然地参与到做饭活动中，增加对家务的参与感和决定权，家长也能得到孩子的关注和帮助，全家一起享受烹饪的乐趣。

客厅的功能主要是满足家长的观影爱好。在客餐厅中间的吊顶内，藏有可升降的幕布，家长要学会适当地把注意力从孩子身上转移到自己身上，享受生活的乐趣。

阳台作为全家的生活阳台，还承担了家中“水吧”的功能。调一杯鸡尾酒开始观影，也成了夫妻俩每晚的固定节目。

原电视墙的位置成了女儿房的观察窗和出入口，孩子在儿童房内玩耍，家长在客厅观影，视线传递情意，又彼此相对独立，家人的陪伴就是一抬眼便能看见的温馨。抽屉台的设计也能满足一定的收纳需求。

原电视墙与阳台的连接处，设置了小观察窗，增加视线互动。

将原本的主卧卫生间下水封堵，做隔声降噪处理后调整主卧门位置，改造成开放式的衣帽间和书房。改造后主卧的活动空间更大一些，也让夫妻两人的居住更加舒适。

客厅未能完全满足的储物需求在主卧中得到实现，一整面收纳墙是家里的储物中心。预留的观察窗位置既能增加和孩子的交流机会，也缓冲了整面收纳柜形成的压抑感。

原有飘窗的位置用窗帘分割成了夫妻两人的独享空间，拉开窗帘的一瞬间顿感舒适与惬意。

让孩子懂得权利与责任的边界

对孩子放手，给予他尊重和自主决定的权利，并不是让他肆意妄为，无理取闹。孩子在幼年时尚未形成完整的是非观、价值观，父母应当遵从孩子的成长规律，并在适当时机给予正确的引导，让孩子明白权利的边界，特别是权利与责任的关系。

第三节
关注品格：共享空间让孩子更快独立

家长：孩子慷慨感的引路人

“帮助他人能成为我的生活目标”是儿童独立自主能力的最高级体现，此阶段的孩子具备了独立的生理行为和心理条件，在思想中已经将自身的独立自主能力推己及人，期待为他人的幸福助力，期待用爱心和同情心为团队做出积极的贡献。

心理学研究已经证明：要想培养乐于分享、善于关心、主动帮助他人的孩子，父母们要先做出表率。父母乐善好施的具体行为更能帮助孩子养成助人为乐的习惯。

人并非为获取而给予；给予本身即是无与伦比的欢乐。

——艾瑞克·弗洛姆

家长自省：你培养孩子乐于助人的习惯了吗？

- □ 允许孩子带小伙伴来家里做客。
- □ 鼓励孩子将自己的玩具和食物分享给小伙伴。
- □ 地铁、公交上遇到老人、孕妇，让孩子让座。
- □ 会给孩子布置力所能及的家务。
- □ 偶尔在孩子面前示弱，寻求孩子帮助。

当孩子具备了独立自主的能力后，父母应当引导孩子学会推己及人。在家居环境的设计中，创设能够引导孩子体察父母辛劳的环境，让孩子自主地参与到家庭活动中，成为家庭小帮手。

美国哈佛大学的学者们在进行了长达二十多年的跟踪研究后，得出一个惊人的结论：

爱干家务的孩子与不爱干家务的孩子相比，失业率比例为 1 ： 15，犯罪率比例为 1 ： 10。两者的离婚率与心理患病率也有显著差别。

埋下一颗助人的种子

1 设置开放式空间

打造开放的室内活动区域：设置客餐厅一体化、客餐厨一体化、餐厨一体化；打通书房与客厅，将多功能房的非承重墙改造为透明玻璃窗；将客厅作为全家的休闲空间。一方面能增强空间通透感，同时也能让孩子在开放的空间中观察生活，体察父母的辛劳，更好地参与到家庭活动和家务劳动之中。

2 孩子也能进厨房的设计

在父母的看护下，我们鼓励孩子参与到厨房活动中。在厨房空间设计上，首先要保证儿童的安全，其次将中西厨功能做适当分区，让孩子在西厨区活动。按照厨房空间大小，可将厨房和备餐台（西厨）或者餐桌结合设计，让孩子协助父母完成厨房家务。

3 设置家庭共享活动中心

在孩子独立自主性的培养过程中，父母的鼓励也很重要。在家庭设计中，将客厅作为家庭共享活动中心，方便父母与孩子的沟通与交流。父母对孩子的帮助给予及时肯定，孩子也能体验到劳动助人的成就感，更加热爱生活。

案例 6：多功能餐台，享受全家烹饪乐趣

项目坐标：

河南郑州

主案设计师：

宁涛

户型信息：

75 m^2（2 室 1 厅 1 厨 2 卫）

家庭结构：

业主夫妇、5 岁儿子

户型诊断：

①起居室面积小

②阳台洗衣间局促，隔断影响采光

③进门无玄关区域

业主需求：

希望有充足的收纳空间，男女主人都希望有各自单独的衣帽间，卫生间不影响互相使用

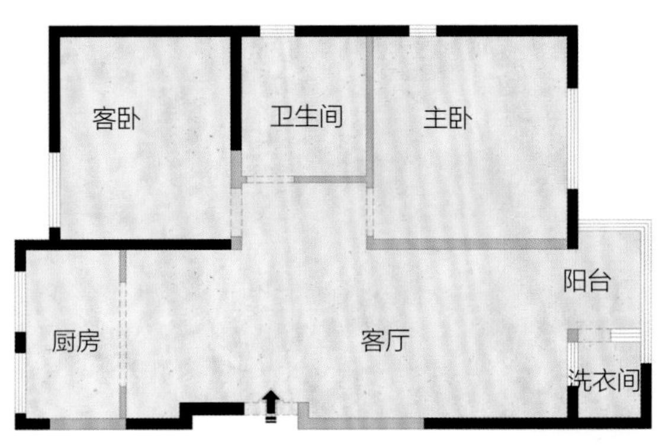

原始户型图

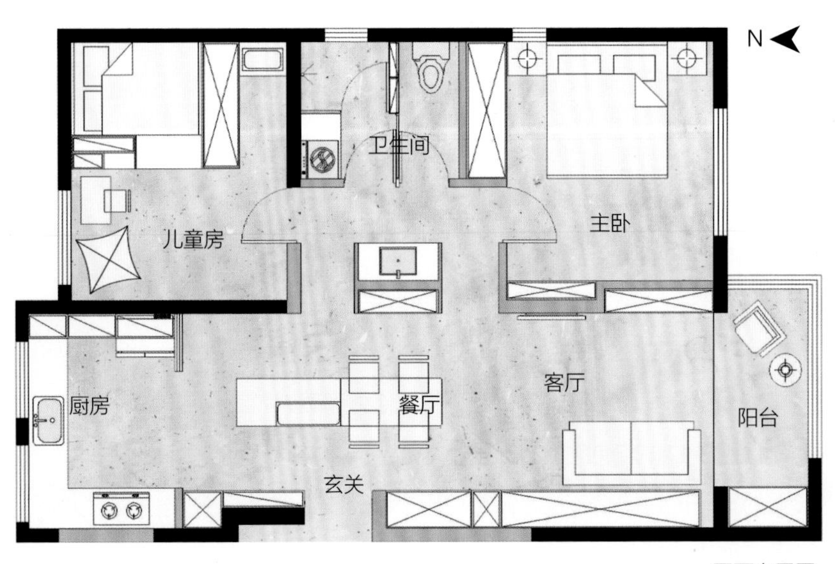

平面布置图

打造开放式餐厨空间，
让儿童参与到厨房家务中

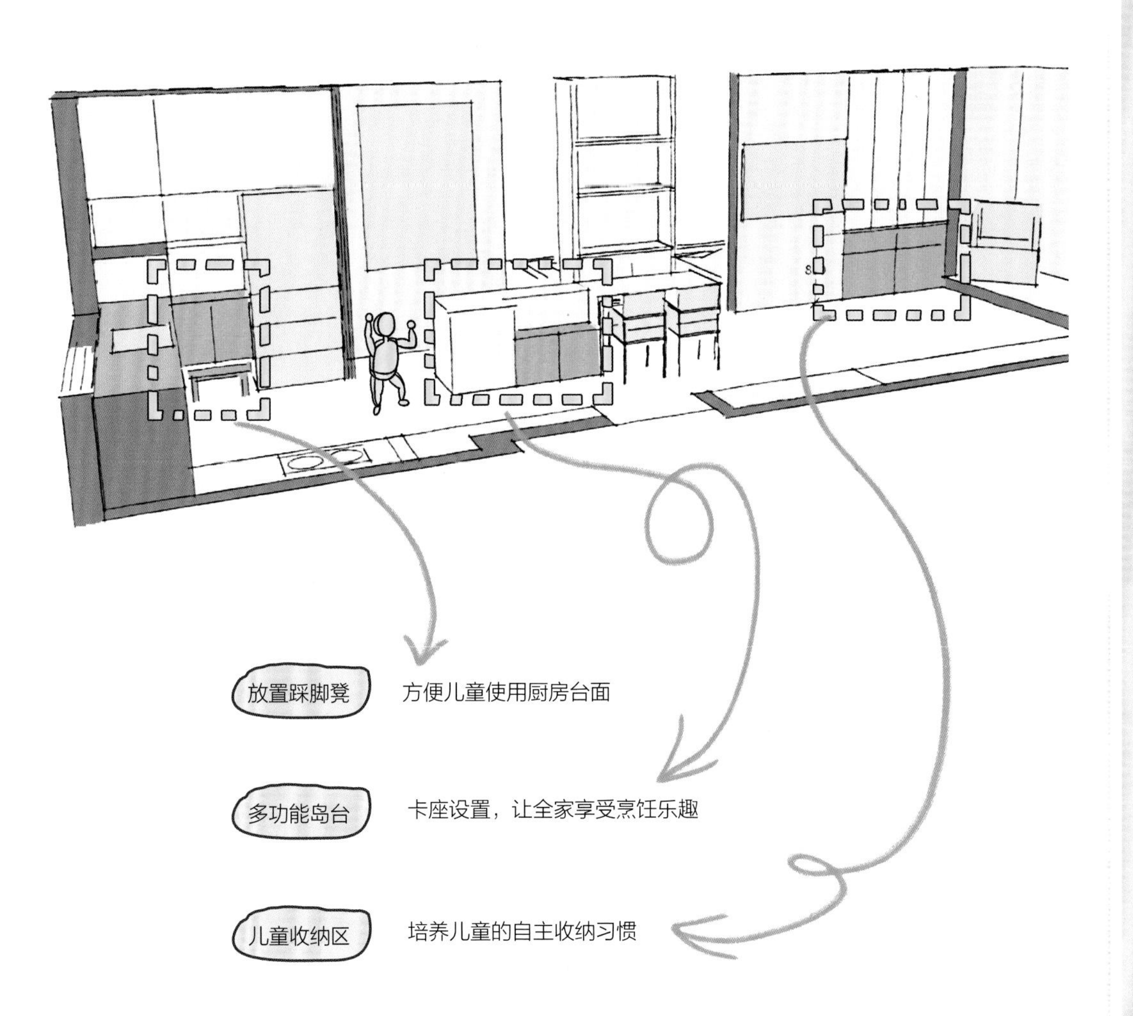

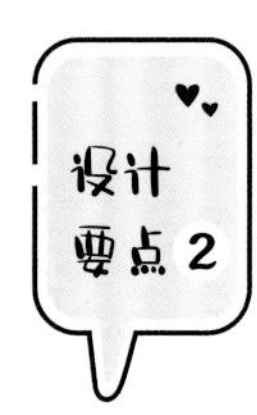

多功能餐台，可组合、可拆分，形成多条活动路径

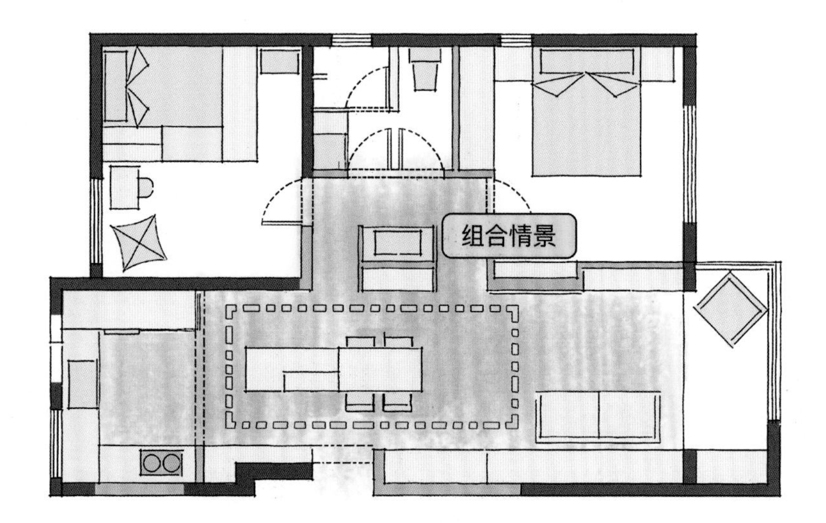

多功能餐台组合后形成超大台面；拆分后，形成“品”字动线，活动动线更多样化。

多种模式选择，让孩子也能参与到烹饪活动中。

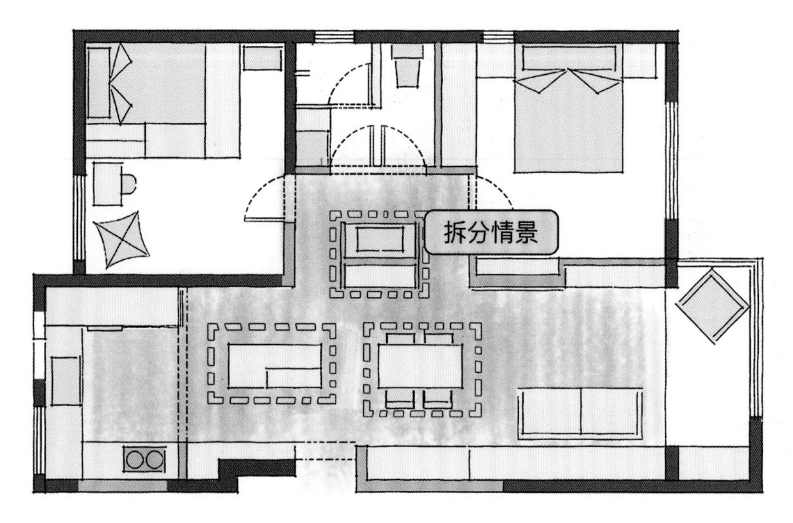

在厨房为孩子预留踩脚凳和操作台面，满足孩子帮助父母备菜的需求。平时也可以充当餐边柜，放置一些常用电器。

在厨房为孩子预留踩脚凳和操作台面，满足孩子帮助父母备菜的需求。平时也可以充当餐边柜，放置一些常用电器。

岛台、餐桌两者的结合，既可以用来备餐，又可以作为手工台。同时在岛台一侧设置卡座，鼓励儿童观察学习，并参与做饭。在餐桌附近设置餐具收纳区，方便孩子在父母需要帮助时拿取所需物品。

岛台的卡座同时还充当着入户换鞋凳的功能。下翻式鞋柜中做了拖鞋与户外鞋子的分区，方便孩子为父母拿取拖鞋进行更换。鞋柜侧面在离地 1 m 处设置钥匙挂钩，方便儿童使用。

客厅做了满墙储物柜，高度在 850 mm 以下的收纳空间对孩子更友好，孩子可以帮助父母一起整理日常用品，也方便收纳大型玩具。

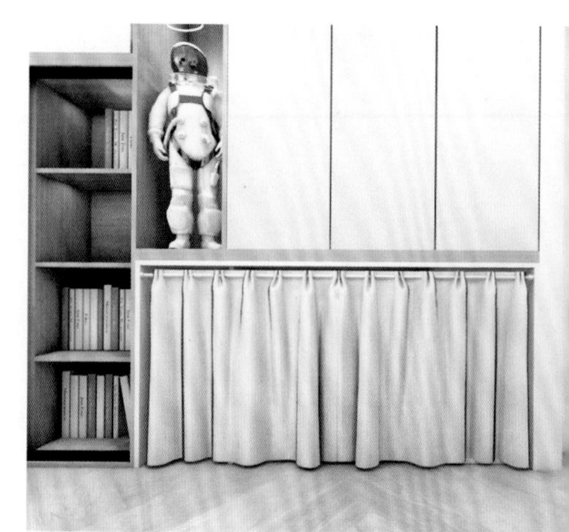

玩具收纳区以颜色和贴纸来区分家长和孩子的专属区域。儿童收纳区的皮革抽屉拉手连同阻尼式柜门的设计，保证儿童自主收纳的安全。

阳台设立了小读书角，半墙的设计充满童趣又不失可爱，既能让家长很自然地观察到孩子的动向，又巧妙地为孩子打造出相对私密的玩耍区域，不受客餐厅的打扰。

阳台靠墙一侧的搁板为玩具摆放区，方便孩子自由拿取玩具，开放式收纳和地面软垫为儿童打造舒适的活动区。

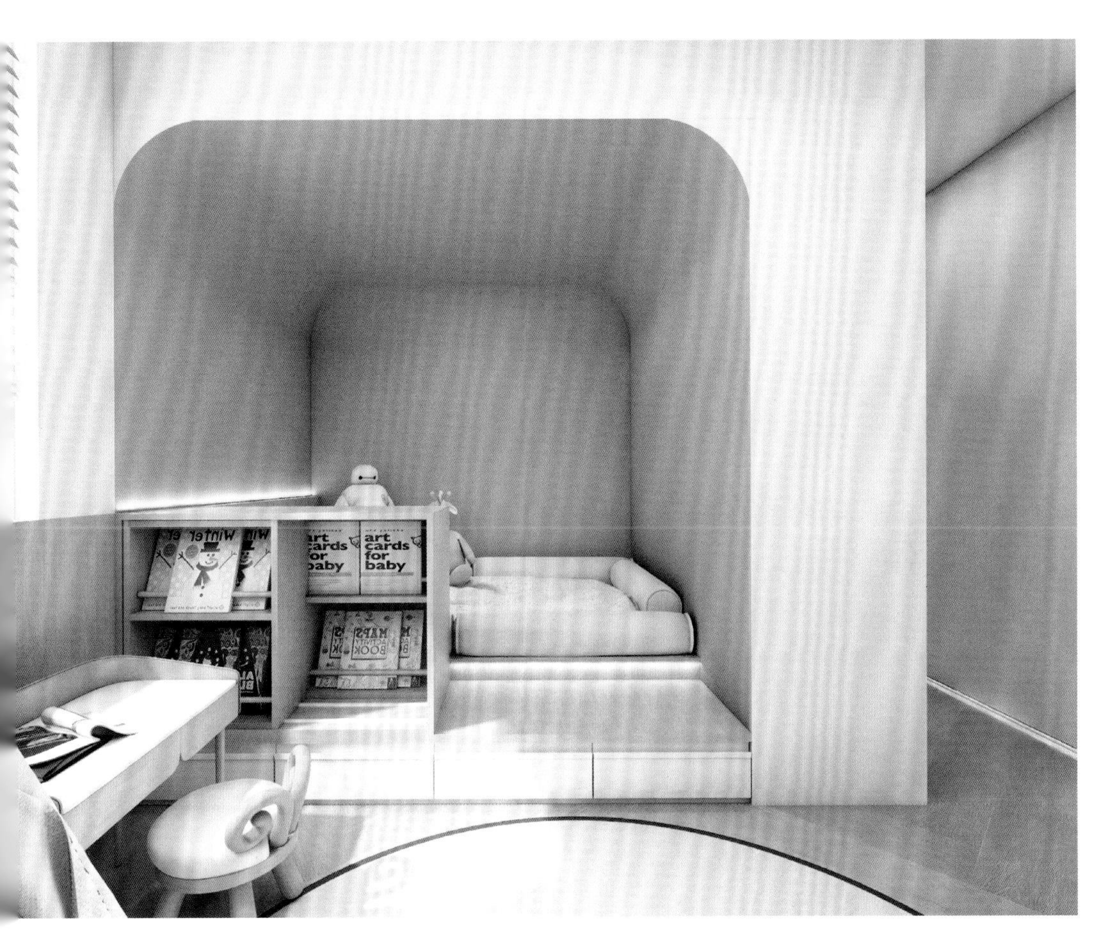

睡眠区域做了圆弧吊顶和空间抬升，形成完整有弧度的空间，营造无缝且充满包裹感的睡眠氛围，让孩子更有安全感。这一点对于分房时期的儿童房空间环境营造尤为重要。

抬高且设置了步梯的高台地床，顺从孩子的天性，方便配合孩子上下爬行的习惯。书柜做前后双层设计，增大书籍储存量的同时，又能对“常用书籍”与“非常用书籍”进行区分，锻炼孩子对物品分类收纳的能力。

孩子长大后，原儿童桌和帐篷位置可改造为学习空间，高度与书柜齐平，满足孩子的学习需求。

在儿童房的入门位置设立了入户敞开式衣帽间，使用可调节活动层板挂衣。孩子年龄小时在低处挂衣，随身高增长可随时调节。

卫生间干区设置抽屉储物柜，最下面一层作为可抽拉式储物箱体，兼具踩脚凳功能，让孩子独立完成洗漱。从两卧室延伸到卫生间干区和客餐厅区域的踢脚线处暗藏灯带，为孩子起夜时进行辅助照明。

洗衣区从阳台挪到卫生间内，实现“空间四分离”的区域划分。通过层板的分割，实现不同家庭成员衣物的分开收纳，并贴有标识，方便孩子自行收纳或帮助父母进行收纳。

赠人玫瑰，手有余香

儿童天生就是自己的教育者，他们从一出生便开始对外界进行初步的探索与实践。然而独立、慷慨、有责任心的性格培养不是一蹴而就的，在日常生活中，每当孩子掌握一项技能，他们的自尊心和自信心都会得到鼓励和发展，久而久之便会形成独立自主的人格。

第三章
空间专属：酣畅游戏，激活成长

把沙子堆成城堡，从玻璃球中发现彩虹，把玩具藏进宝盒，把树叶拼成地图。孩子们全神贯注地在游戏中体验，仿佛时间流逝都毫无察觉。

很多大人表面上看到孩子或是在家里横冲直撞玩得一塌糊涂，或是全神贯注地摆弄玩具，却难以深入体察孩子心灵深处被游戏点亮的智慧和被唤起的情绪。因此，“游戏耽误学习”经常成为大人们剥夺孩子玩乐权利、限制孩子玩乐空间的理由之一。殊不知，玩也是学，“在玩中学”是孩子也是所有人的成长哲学。

奔跑跳跃是游戏，触摸识别是游戏，协同合作也是游戏。家，作为儿童游戏的重要场所，可以通过巧妙地设计让不同类型的游戏在此开启、演绎。本章将从空间设计如何配合游戏来增进亲子关系、提高孩子学习能力、提高孩子社会性能力三个方面递进式展开详述，开启一段用空间成全游戏、用设计启迪智慧的旅程。

第一节
自由跑跳的家，让亲子情感升温

互动游戏，建立情感联结

孩子在牙牙学语之前，就已经通过和父母的互动游戏来认识世界、构建认知。对家长来说，游戏或许意味着休闲，但是对孩子来说，游戏却是和父母沟通、建立情感联结、形成安全型依恋关系的重要方式。

很多父母在孩子幼年时忙于工作、疏于交流，孩子极易形成孤僻、焦虑或叛逆的性格和不健康的心理状态。当父母意识到问题的严重性，想修复亲子关系裂痕时，已错过了最佳时机。实际上，家长应该多抽出时间，和孩子尽情地玩游戏，让游戏成为父母与孩子之间亲密沟通的桥梁。

家长自检：拒绝“无效”陪伴，你是否存在以下行为或理念？

- □ 和孩子说：我有很多重要的工作要处理，没时间陪你玩。
- □ 不理解为什么“给娃娃穿衣服 / 和娃娃聊天”这样的游戏，孩子能玩一个下午。
- □ 为什么孩子就不能按照我的想法“正确地”玩游戏？
- □ 孩子希望你重复讲一个故事，你却不耐烦，态度粗暴。

很多父母做了太久的“大人”，离内心纯真的“小孩”越来越远，不仅忘记了当初游戏所带来的快乐，甚至失去了参与游戏的心情和能力。想要真正进入孩子的世界，和孩子建立安全型的依恋关系，家长们首先要做的就是“放下身段”，以和孩子平等的高度和姿态一起游戏，共同成长。

家长“放下身段”

家长与孩子拉近距离的做法

缩短物理距离	弯下腰坐在地上，和孩子平视，让孩子感受到尊重
	创造能收获快乐的游戏场景
拉近心理距离	在游戏过程中形成横向的、对等的玩伴关系
	不以成人角度评价游戏内容，真心加入孩子的游戏中
	不因孩子在游戏中的行为而生气或惩罚孩子
	在游戏中对孩子及时鼓励，培养孩子的自信

与孩子相处时，带上你所有的智慧和法宝，然后坐到地板上。

——美国著名作家奥斯汀·欧马利

在游戏中建立情感联结

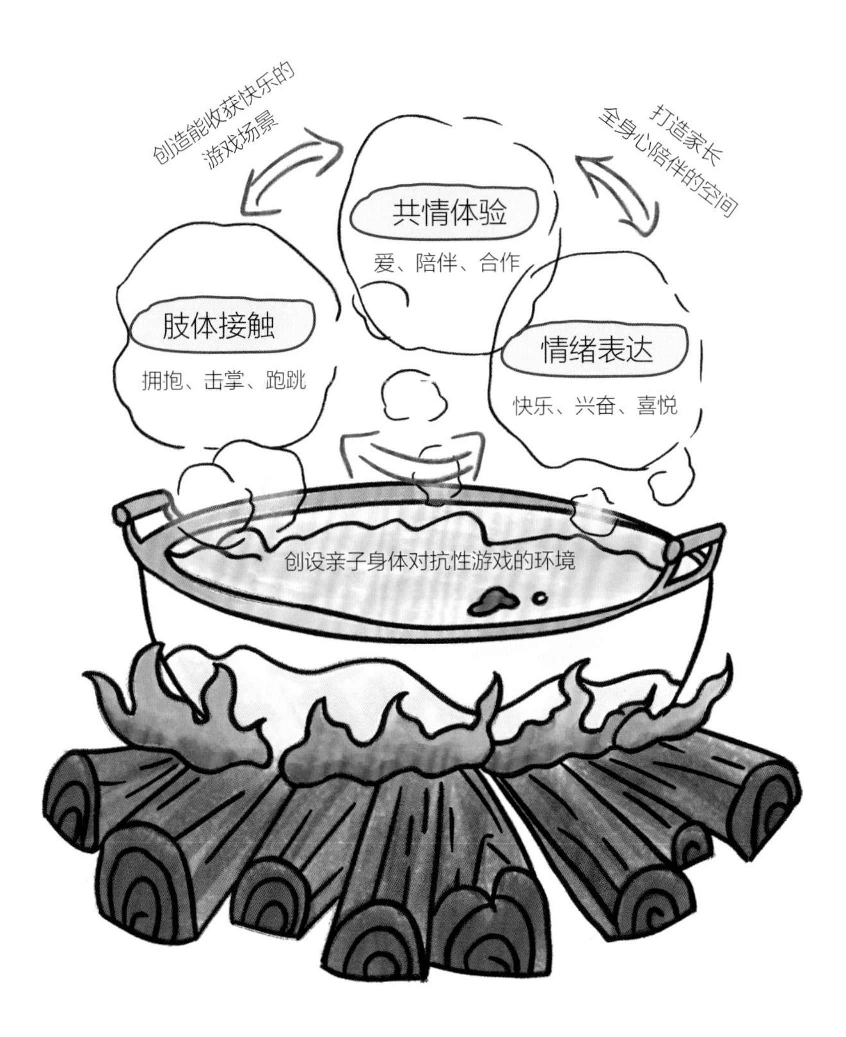

创造能收获快乐的
游戏场景
打造家长
全身心陪伴的空间
共情体验
爱、陪伴、合作
肢体接触
拥抱、击掌、跑跳
情绪表达
快乐、兴奋、喜悦
创设亲子身体对抗性游戏的环境

1 创造能收获快乐的游戏场景

在空间中规划出活动区域，明确安静游戏和活跃游戏的位置，并且利用色彩和照明设计，让活动区域更加具有安全性、趣味性和互动性，既能在家中轻易实现多种亲子游戏，也能让孩子感受到亲子游戏带来的快乐。

2 创设亲子身体对抗性游戏的环境

客厅不放置茶几，铺设地垫，让父母可以在宽敞安全的空间中和孩子进行追逐、摔跤、拳击等身体对抗性游戏，教孩子更好地使用身体力量，全面锻炼孩子的运动神经。长期的身体训练能有效提升孩子应对冲突的能力，增强责任心、自信心和竞争力。

3 打造家长全身心陪伴的空间

家长和孩子的情感联结需要家长全身心的陪伴。在空间中多创造能进行亲子互动的机会和场所，包括开放性的游戏场所、一家人的就餐空间、家庭手工台面、兴趣爱好发展区等。亲子互动就是孩子最好的游戏，高质量陪伴更能促进孩子的健康成长。

案例 7：简约客厅，预留 30 m² 超大亲子游戏空间

项目坐标：

湖南长沙

主案设计师：

吴易宸

户型信息：

94 m²（4 室 2 厅 1 厨 2 卫）

家庭结构：

业主夫妇、4 岁儿子

户型诊断：

①没有独立书房

②客卫面积过小

业主需求：

希望有独立书房。爸爸喜欢喝茶，一家人喜欢下棋，希望有充裕的活动空间

原始户型图

平面布置图

提高房间利用率，打造增进情感联结的亲子空间

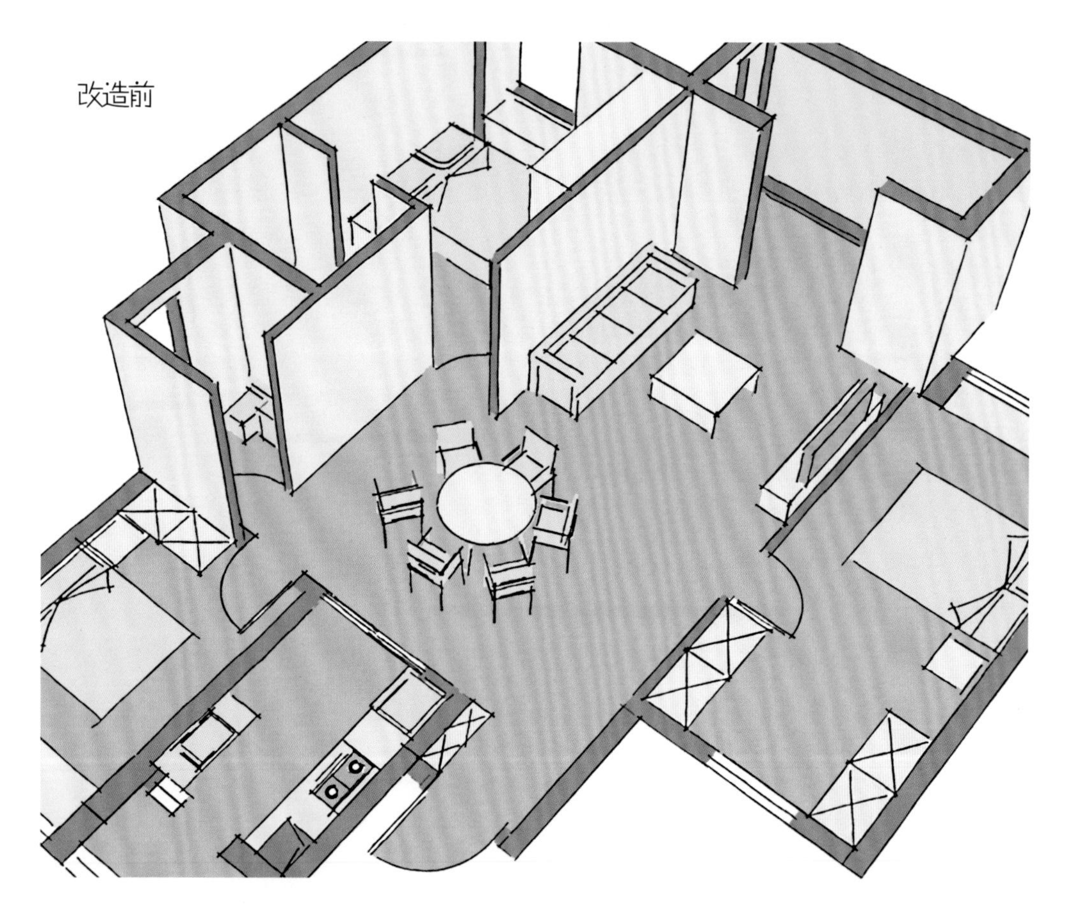

原户型空间功能分配不合理，就餐区空间浪费严重；客厅以标准沙发、茶几、电视三件套布置，缺少亲子玩耍的空间。

拓宽阳台门，将阳台作为客厅游戏空间的延伸，成为安静游戏的最优区域。

改造后

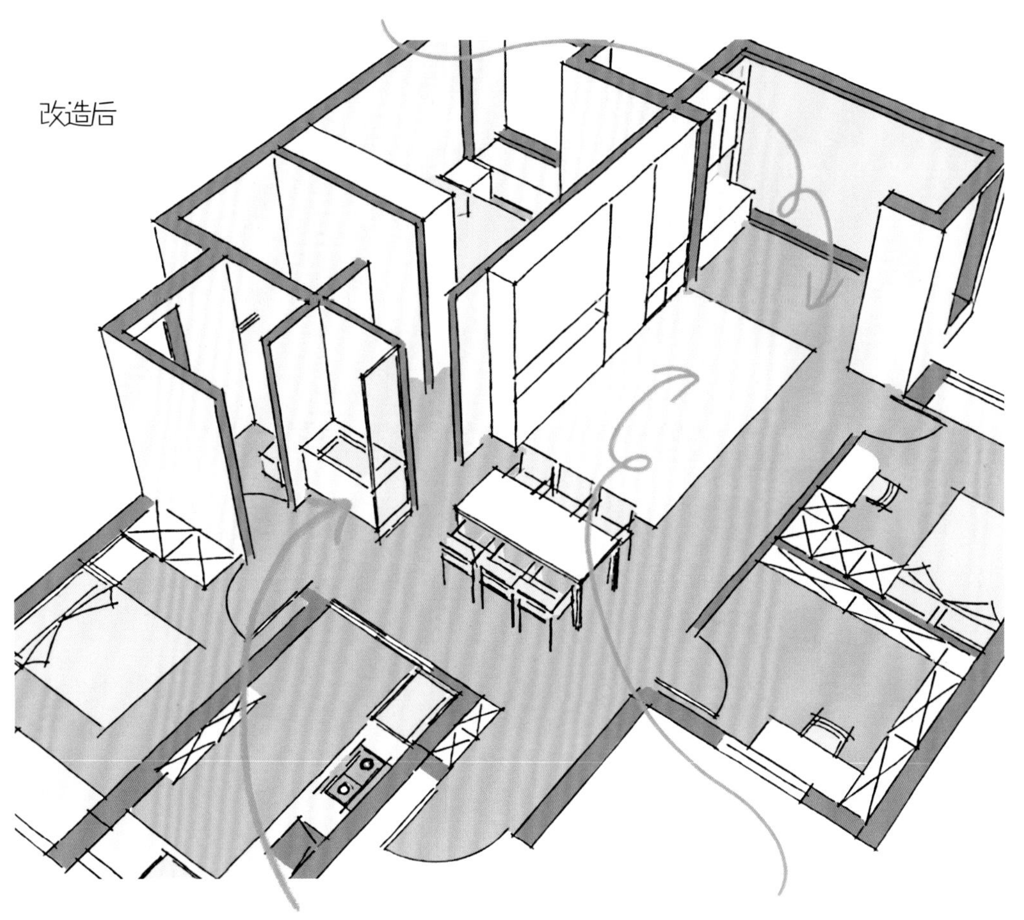

将部分客厅空间让位给卫生间和主卧，满足一家人的使用需求。

将客厅作为亲子活动专区，打造全开放、多游戏模式的情感联结空间。

设计让客厅在原有功能基础上增加了更多的可能性，客厅成为一家人游戏与度过快乐时光的主要场所。暗藏式投影、储物墙、拓宽阳台门与客厅连接等设计细节，为客厅留出更多游戏空间。

六人位长桌的设计不仅满足一家人的就餐需求，还能满足全家人读书、做手工、聊天等相对安静的亲子活动的需要，形成动静分离的活动空间。在这里，一家人也可以进行面对面沟通，增进交流，让关系更亲密。

拓宽阳台门后，客厅在视觉上与阳台融为一体，既能增加客厅采光，又能进一步增加空间的进深感。

开放式客厅格局，解锁多场景亲子互动

宽阔的客厅空间为多种多样的娱乐活动创造可能：搭建迷宫、躲猫猫、赛车竞赛、过家家、棋牌、瑜伽健身等亲子活动都能在客厅展开。阳台方桌选用轻便环保的材质，按需挪动，成为游戏活动展开的得力助手。

情感联结在多种游戏场景中得以建立和发展，游戏让家人更亲近。

躲猫猫游戏模式：用厚纸板搭建出迷宫形态，让孩子在其中随意爬行、穿梭。

棋牌 / 过家家游戏模式：游戏主场地围绕阳台方桌展开，可配合部分游戏道具增加游戏体验，让孩子玩儿得更尽兴。

瑜伽健身模式：投影的使用更好地为健身活动提供支持，宽敞的场地空间及柔软的地垫防止亲子活动时出现磕碰，安全性更高。

赛车竞赛游戏模式：用胶粘条在客厅布置赛车跑道，宽敞的比赛场地给孩子沉浸式的游戏体验。

孩子从父亲身上了解世界规则

父亲在孩子成长过程中的缺位，容易导致孩子形成胆小、懦弱、自私等性格缺陷。母亲的陪伴往往给予孩子无微不至的爱，而父亲更会让孩子懂得社会的规则。父亲在家庭中是力量的象征，父亲和孩子做的游戏会更具肢体冲突性，能够锻炼孩子的机敏反应，增强身体素质。孩子也能在更有挑战性的游戏中，获得更多成就感。

第二节

打造真实游戏场景，在家中玩转学习

现代著名儿童心理学家让·皮亚杰在《儿童智慧的起源》一书中首次提出“玩中学、学中玩”这一概念，意为“在玩耍中让孩童进行学习，在学习中加入玩耍便于孩童学习”。玩是孩子的天性，但是通过“玩”所激发的求知欲、提高的思考能力和协作能力，却因“会玩”的能力不同，影响着孩子发展的全面程度。

家长自省：你是否这样问过你的孩子?

☐ 你为什么喜欢玩这个游戏?

☐ 你玩游戏的目标是什么?

☐ 你在游戏中要如何才能达成这个目标?

☐ 你在游戏中收获了什么?

☐ 你如何协调游戏和其他事情之间的时间和优先级?

父母的正确引导对于孩子在玩游戏中的能力习得是非常重要的。

孩子与父母之间、孩子与同伴之间玩得越投入，互动得越充分，思考得越广泛，越容易有所收获。在游戏的互动过程中激发的能力培养，将远远超过孩子在书本中获得的能力提升。空间对促进孩子在玩耍中的能力培养也有非常重要的作用。

玩中激发哪些能力?

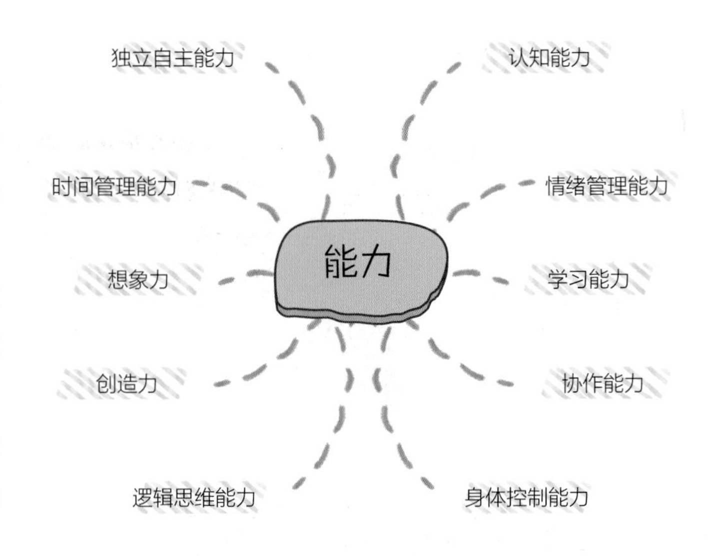

在玩耍中引导5个"W"和1个"H"

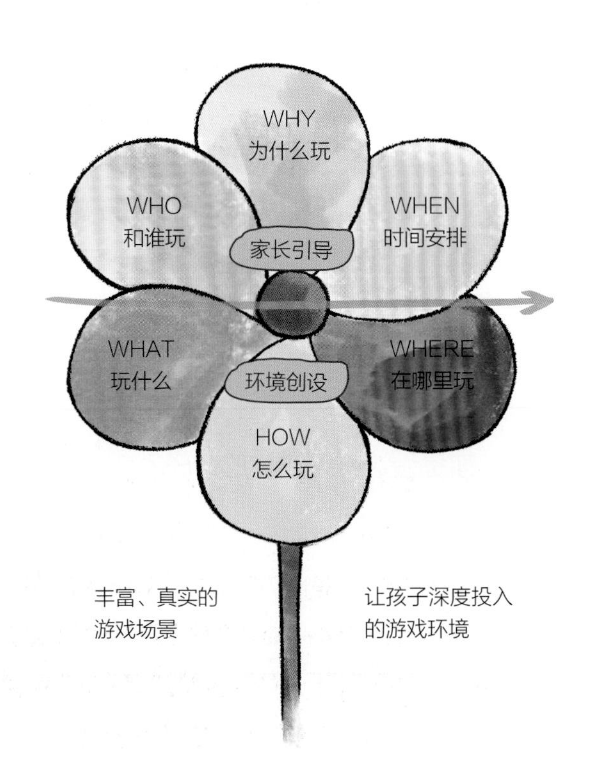

创设让孩子深度投入的游戏环境

在空间中明确游戏区域的界限，让孩子可以自由灵活地改变空间限定方式，例如围合大小、开放与封闭等，赋予空间新的功能，开展交流、休息、游戏及学习等行为。在不打扰且相对自由的空间中，孩子可以尽情地投入游戏。

打造丰富、真实的游戏场景

在环境塑造上，利用窗户的位置和光影特性，将自然环境引入室内，保证室内空气流通和良好的采光，多使用绿植或新型生态材料，让孩子在室内感受自然。在空间中打造丰富的游戏场景，设置符合儿童人体工程学的家具，让孩子在参与家庭活动中体验真实的快乐。

家长引导

家长不仅需要用尊重的态度和耐心来陪伴孩子，更需要在游戏过程中对孩子进行引导和修正，让其向健康的方向发展。家长还应当帮助孩子确立正确的游戏目标，让孩子在游戏中增强时间管理、包容合作、逻辑思维等多重能力。

案例 8：打破室内外边界，在家也能仰望星空

项目坐标：

北京

主案设计师：

吴易宸

户型信息：

94 m² (2 室 2 厅 1 厨 1 卫) +21 m² 小院

家庭结构：

业主夫妇、5 岁儿子

户型诊断：

①传统四合院的中庭分割格局，没有家庭共享空间

②卫生间过小

③两个卧室的面积较小

业主需求：

一家人喜欢泡澡，需要扩大卫生间；希望增加客餐厅和卧室的活动空间和储物空间

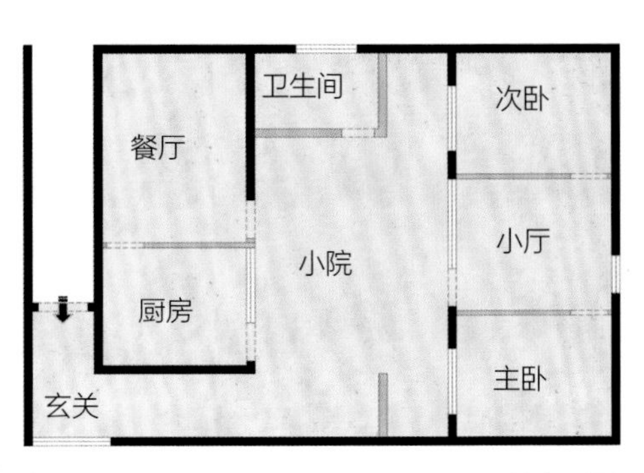

原始户型图

平面布置图

利用露天小院和贯穿式天窗将自然风光引入室内

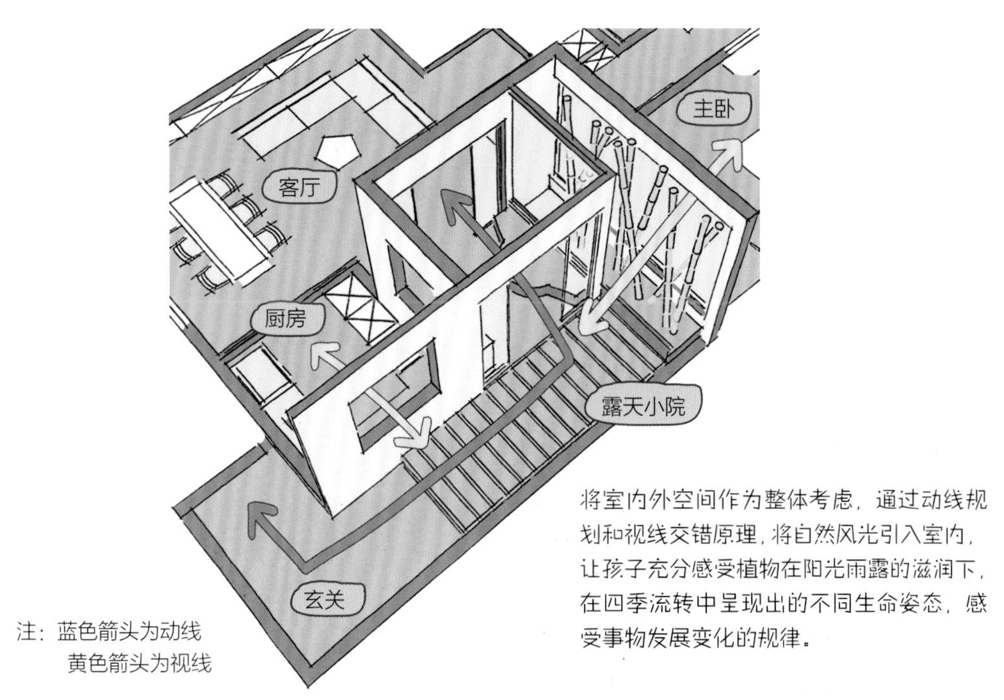

将室内外空间作为整体考虑，通过动线规划和视线交错原理，将自然风光引入室内，让孩子充分感受植物在阳光雨露的滋润下，在四季流转中呈现出的不同生命姿态，感受事物发展变化的规律。

注：蓝色箭头为动线
黄色箭头为视线

利用四合院的景观优势，打造环境天窗，让住户更直观地感受日月沉浮、四季更替。

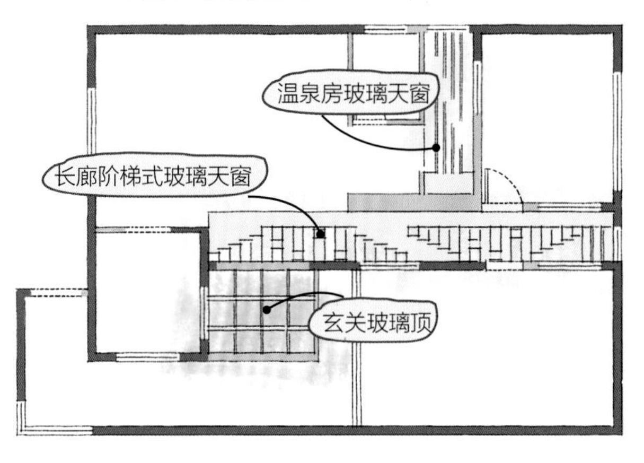

石板路将室内外空间自然地进行了划分：青石板、鹅卵石等自然材质拉近了人与自然的距离。竹影摇曳，让孩子在方寸之间感受大自然清新纯净的气息。

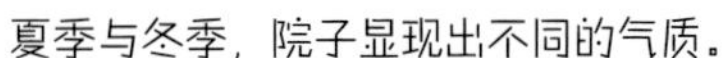

夏季与冬季，院子显现出不同的气质。

玄关处增设种植玩耍区，孩子在尽情玩耍的同时，还能培养动手能力和创造力。墙面上的风车可以充分调动孩子的视觉、听觉、触觉等感官功能。

在餐厅顶部和侧面墙上方设置了观景天窗，让视觉更通透的同时，也让孩子可以通过观景天窗，捕捉日月星辰的运行规律，感受不同季节、不同光线下的场景变换。

过道处的观景天窗用矩形木条作切割，增加顶面造型层次感的同时，让孩子感受到不同时刻的光影变化，更有利于培养孩子的观察力和求知欲。

围合且开放的家庭核心区，增强家人间的沟通

改造前

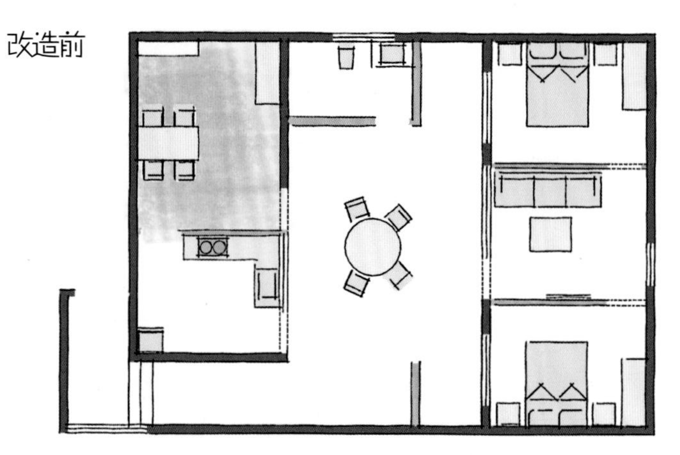

室外空间将户型分割成若干小空间，房屋整体布局分散，客厅与其他空间几乎无交流。

改造后

增大家庭核心区空间，开放的客厅—餐厅—厨房空间让家庭成员有更多的交流机会，让家人更亲近。

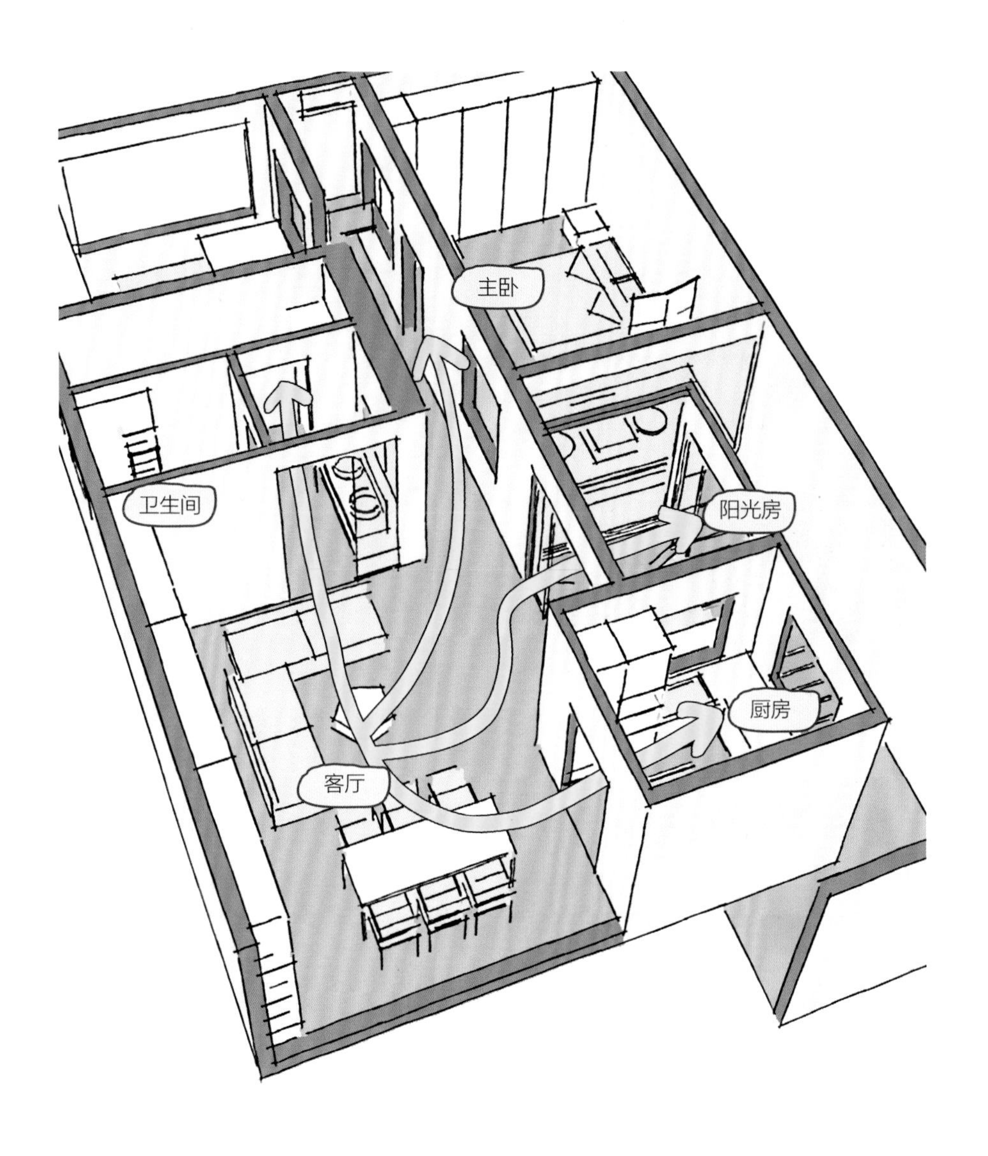

将家庭核心区打造成开放式格局，营造出开阔温馨的互动氛围。顶天立地的收纳柜满足屋主一家三口的收纳需求。

客厅是主要的家庭活动区域，围合式设计可以让沟通更亲近。对坐式餐桌也是父母和孩子进行沟通的“会议桌”，让家长可以更清楚地了解孩子的真实情绪和想法，从而正确地引导孩子面对和调节自己的情绪。

在厨房操作区域增加双侧观察窗，让厨房更通透，也可以让在厨房中忙碌的人第一时间看到家人回家后的状态。同时，孩子在玄关处玩耍的动态也可尽收眼底，家长做家务时既能保证孩子玩耍时的安全，又不打扰孩子的游戏活动，有助于培养孩子的专注力。

新增加的独立温泉室是提高全家人生活品质的空间，是家长放松身心的空间，也是夏天孩子玩水的秘密乐园。

打造全家人各自专属的独立空间，加强空间感认知

客厅过道尽头是一个迷你跃层：下层为孩子和朋友的秘密空间，上层为兴趣角。既可以通过造型差异让孩子来认知形状，也可以增加他对空间的支配感。过道东西两侧紧邻儿童房和主卧，保证孩子的安全和亲子间的互动。

在儿童房整面墙的存储柜上设置了卡座读书角。卡座上放置的小型滑梯是孩子的最爱，等孩子长大后也可以拆掉。

儿童房南侧的窗户与过道的迷你跃层相连，东侧的条形窗可将阳光引入。在靠近过道的窗下放置书桌，作为学习之所。小房子形状的儿童床、床上的幔纱和星星灯共同为房间营造出浪漫童趣的氛围。

紧邻主卧的禅室是夫妻两人饮茶和冥想的放松之地。影影绰绰的竹林为禅室营造出静谧幽隐的氛围。禅室与过道之间以落地窗做造景，为此处增添了一分意趣。

挑战困难，乐观成长

游戏带给孩子的不只是能力的提升，更是面对挑战时的乐观心态。

孩子学会在游戏中成长，长大后更容易将“升级打怪”的意志力和沉浸感带到可能会遇到的困难任务中。面对失败时，也会有从头再来的勇气。在未来的学习和生活中，永远充满激情和希望。

第三节
家庭儿童游乐场：最好的社交空间

游戏与儿童的社会性发展

社会性是作为社会成员的个体为适应社会生活所表现出的心理和行为特征。儿童的社会性发展（也称儿童的社会化）是指儿童从一个自然人成长为一个社会人的过程。它是在个体与社会群体、儿童集体以及同伴的相互作用、相互影响的过程中实现的。对孩子而言，与人交流、互相帮助、合作分享等都是社会性发展的表现。而游戏可以帮助儿童学会相互理解，帮助他们学会让步、协商、合作，对儿童的社会性发展起到至关重要的作用。

美国著名的教育家和游戏分类学专家帕顿通过研究，将 2 ~ 5 岁儿童在游戏中表现出的社会参与行为分成六类，分别为：无所事事、旁观、独自游戏、平行游戏、联合游戏与合作游戏。

幼儿在游戏中的参与行为

社会参与行为分类		年龄（岁）	表现
非游戏行为	无所事事	0 ~ 2	对于游戏还没有清晰的认识，表现出的行为是无所事事地闲逛或跟随成人走动
	旁观	2+	有兴趣旁观他人进行游戏，自己则不会参与到游戏之中
游戏行为	独自游戏	2 ~ 2.5	能独自进行游戏，但专注于自己的游戏活动，即使旁边有同伴也不会发生交集，仿佛没有意识到其他孩子的存在
	平行游戏	2.5 ~ 3.5	会选择与旁人一样的玩具、材料、玩法，但依旧专注于自己的游戏之中
	联合游戏	3.5 ~ 4.5	与小伙伴交换玩具、一起玩游戏，但是还没有明确的游戏目的和组织分工意识
	合作游戏	4.5+	有了与其他伙伴分工、合作进行游戏的意识和能力，有了预期的目标和日渐稳定的游戏主题

帕顿通过对儿童游戏的研究得出结论，随着儿童年纪的增长，儿童在游戏发展过程中表现出的社会性水平也在不断提高，游戏水平的高低也直接反映了儿童社交、遵守规则、分工协作、体察情绪等能力的发展情况。而在孩子社会能力发展的过程中，家长的参与和正向引导必不可少。

家长思考：为什么有的孩子“不合群”？

- □ 对孩子紧抓不放，孩子很少有机会接触其他小朋友。
- □ 孩子想试着自己解决和其他小朋友的冲突，你却直接找到对方家长。
- □ 孩子明确表示了不愿意，还强迫孩子融入别人的圈子。
- □ 违背孩子意愿，当着很多人的面让孩子“表演节目”。
- □ 只让孩子和同龄人一起玩儿。

家长要带着尊重和理解看待孩子的游戏活动，促进其社会能力的发展。此外，巧妙的家居空间设计可以配合游戏增强孩子的社会性体验，让游戏取得更好的效果。

社交能力的阶段性养成

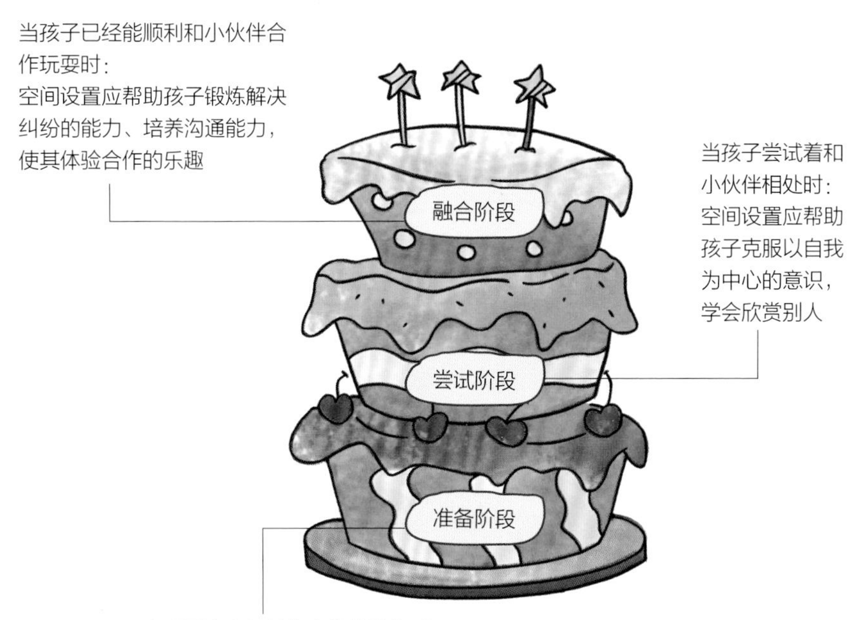

1

设置私密的社交空间

儿童房既可作为不被家长打扰的活动空间，让孩子进行社交前心理状态上的准备和酝酿，又可作为和小伙伴互动的游戏场所。使用木制地台床替代成品床，让孩子能更好地感知尺度和层高，避免翻到床下摔伤，孩子还可以和好朋友一起坐在地台上聊天；还可将书桌居中布置，方便孩子和好朋友面对面交流。

2

打造开放的社交空间

多个孩子活动的空间，还要充分考虑孩子间的个体差异，丰富社交场景：如果是多个孩子的活动空间，则需要更大的空间尺度，并可布置鼓励孩子运动的设施设备；如家里经常会接待低龄小朋友，则需要注重环境的舒适性，避免使用冰冷的瓷砖或过度布置装饰。在游戏中自然地靠近和接触，是孩子们迈出社交的第一步。

3

游戏的社会性规则制定

规则是游戏本质的特征。在规则制定过程中，孩子与人交流，孩子们之间互相帮助、合作分享等社会性表现都将逐步萌芽并发展。空间中可放置合作游戏所需的设施，同时利用符号或元素展示游戏的社会性规则，让孩子的社会认知在游戏中得以习得。

案例 9：拥有梦幻滑梯的家庭游乐场

项目坐标：

四川成都

主案设计师：

王思宇

户型信息：

123 m^2+80 m^2 阁楼（Loft）（4 室 2 厅 1 厨 4 卫）

家庭结构：

业主夫妇、5 岁女儿

户型诊断：

①层高 6 m，立体空间可塑性强

②户型间隔墙均为非承重墙，易改造

业主需求：

打通三套公寓，设计亲子主题民宿，满足一家三口的自住需求，并预留两套客房

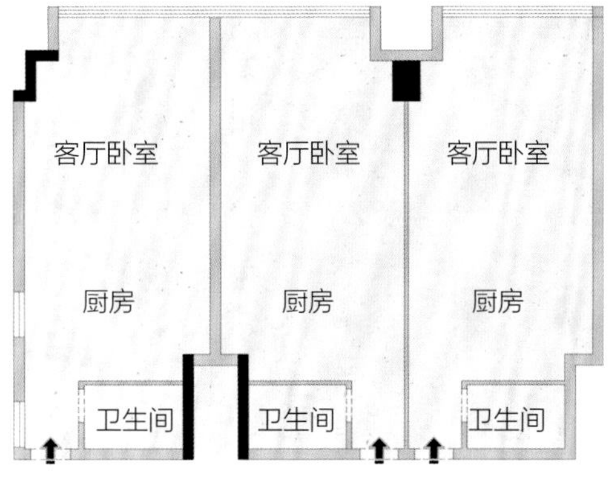

原始户型图

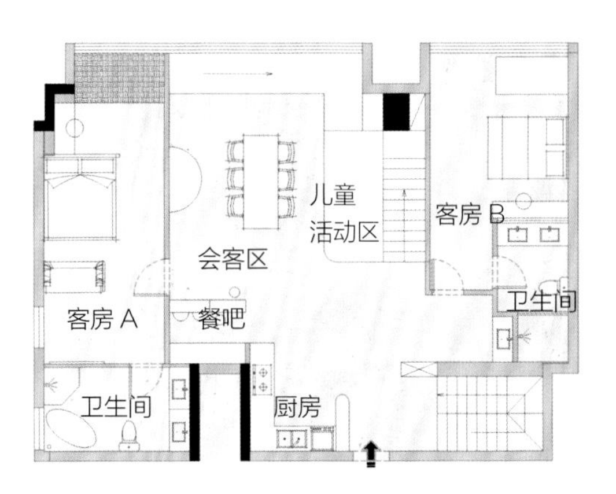

平面布置图一楼

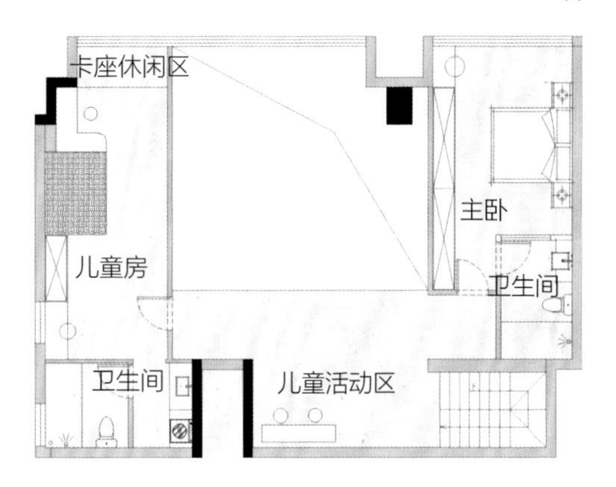

平面布置图二楼

空间按需分配，打造家庭儿童游乐场

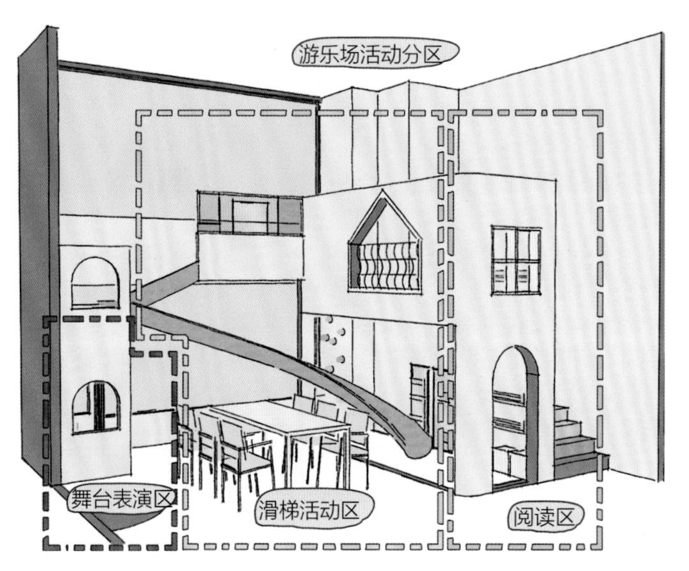

原户型是三等分空间，功能零散，空间浪费明显。改造后将封闭空间化零为整，重新布局，形成动静交织、形式多样、动线合理的儿童游乐场式空间。

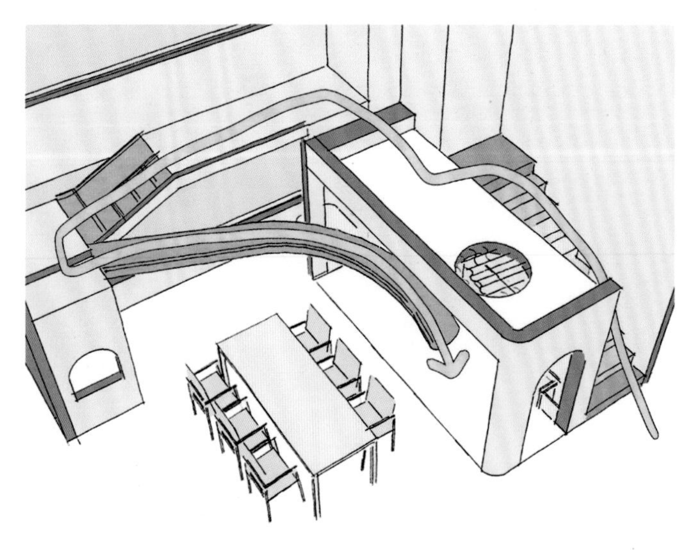

游乐场活动分区：
利用二层空间挑高，塑造多层次复合型的游玩动线。动线中结合斑马线、红绿灯等设计元素，制定游戏规则，丰富游戏细节，营造游戏氛围。

斑马线步行区：
通过设置交通标识为孩子制定游戏规则，让孩子在游戏中学习和巩固，也提醒孩子在游戏过程中需要注意自己和他人的安全。

阅读区活动网：
让阅读区更有趣味，也可以作为两层楼之间的沟通窗口。

游戏空间入口的楼梯采用莫兰迪渐变颜色，温和而充满童趣，配合楼梯侧面的地脚灯，保证孩子上下楼梯的安全。

二楼阅读区设置双面书架，可放置儿童绘本。小二楼地面设置圆形洞洞网，既可作为趣味阅读区域，也可作为和一楼小朋友的沟通窗口。

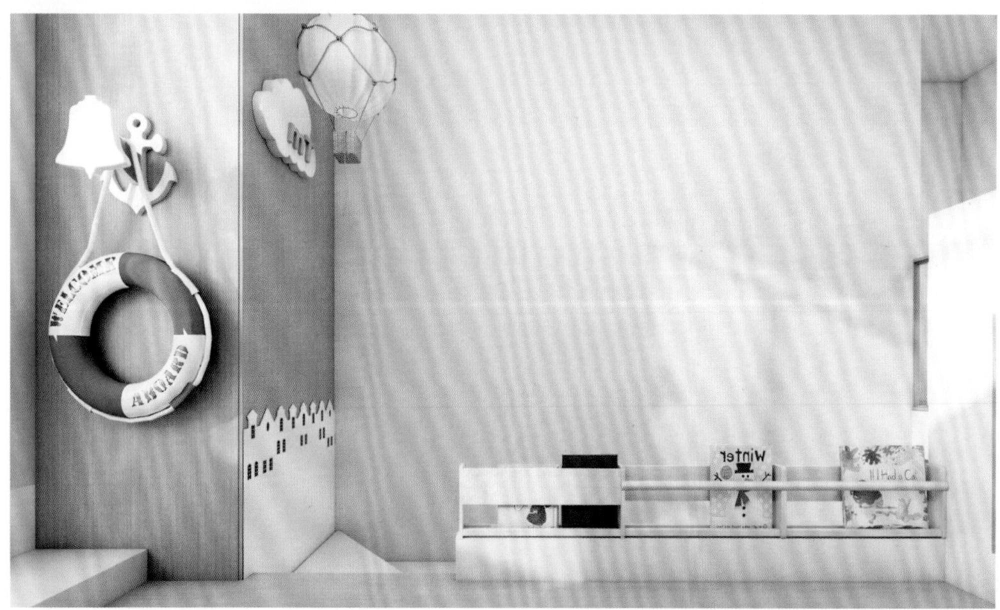

二楼阅读区设置双面书架，可放置儿童绘本。小二楼地面设置圆形洞洞网，既可作为趣味阅读区域，也可作为和一楼小朋友的沟通窗口。

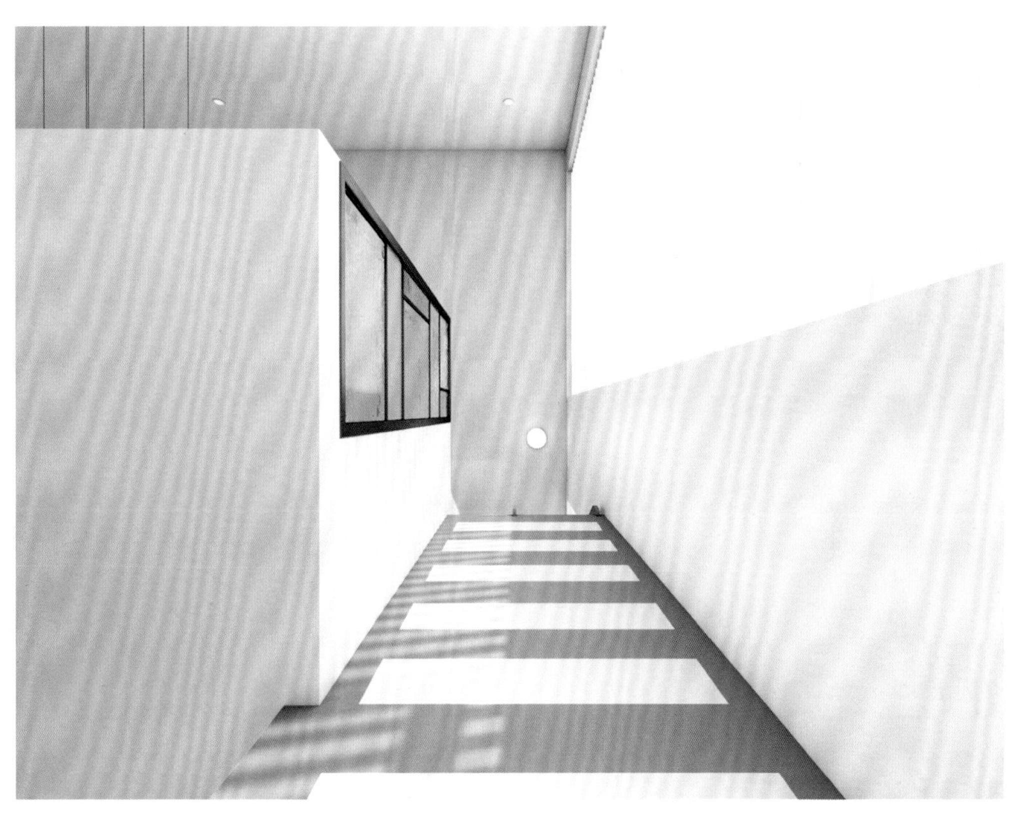

阅读区前方进入组合滑梯区，斑马线的形式为孩子制定游戏规则，“人形横道”“黄灯注意，红灯停止”这些日常生活中的社会性规则，使孩子在游戏中得以学习和巩固。

超长的滑梯设置在客厅的中心位置，和彩虹楼梯形成整个游戏空间的闭环，孩子们可以通过互相配合、互相合作的形式参与一整套的游戏环节。

滑梯终点设置在一楼儿童活动区域。墙面设置小白板，可以让孩子自己制定游戏规则，记录游戏排名，在整个游戏中树立规则意识，培养社交能力。

设计要点 2

丰富游戏场景，鼓励沟通与协作

大餐桌的功能主要是满足家长陪护和就餐的需求，整个儿童活动区域在保证孩子游戏安全的同时，还设计了不同形式的观察窗，让家长可以随时观察到孩子的动态。

餐桌旁设置了舞台区，让
孩子可以在舞台上向大家
展示自己的才艺，从小培
养孩子的自信心。
舞台上方是二楼儿童房的
阳台，为舞台活动区增添
了许多戏剧色彩。

舞台旁边增加换装区，配有小更衣室。在小更衣室放置不同种类的儿童服装，让孩子们进行角色扮演的游戏，体验不同角色带来的乐趣。

厨房旁边的吧台区域一方面作为家长吃简餐的西厨，另一方面可作为孩子们的“谈判区域”。两个高低不同的吧台供不同年龄的孩子使用，配有可以写写画画的纸笔，给孩子们打造一个可以学习化解纠纷的地带，让孩子学会面对问题和解决问题。

设计要点 3

独处空间设置：学会社交，更要学会独处

亲子民宿客房在营造一家人亲密相处空间的同时，也保证了孩子一定的独处需求。客房 A 以内外套间的形式做功能分隔，保障年纪较大的孩子的独处空间。

客房 B 是为年纪尚小的儿童专门设计的，房屋造型的儿童床可以让孩子感觉有自己的独立空间，同时又能随时看到家长。儿童洗手台高度适当，更能培养孩子的独立自主能力。

关注内向与自闭症的区别

尊重孩子的成长节奏，也要及时观察孩子是否有自闭症倾向。自闭症儿童的部分表现看起来和内向性格非常像，但实际上是由先天神经发育障碍引起的。他们缺乏对情绪基本的感知和控制能力，行为刻板，语言功能发育受限，甚至会躲避与他人的交往。如果怀疑孩子有自闭症，需要带孩子尽早去医院就诊，获得专业性的治疗。

第四章
空间引导：最好的自主学习环境

很多家长认为孩子只有规规矩矩坐在书桌前看书，才算是真正意义上的学习。为了不让孩子输在起跑线上，家长们像军备竞赛般早早把孩子送去各种学前班。但是拉长学习时间、增加学习种类，就是真的会学习吗?

孩子从出生到这个世界上，学习活动就已经不知不觉开始了，他们用眼睛观察着世界，用手触摸着世界，用耳朵聆听着世界。会学习的孩子，不需要家长逼迫就能很自然地产生学习动机，凭借不断增强的专注力将意识集中在当前活动中，并通过创新力和逻辑思维让认知不断升级，充分享受学习的乐趣。

而在促进学习活动的诸多因素中，空间环境孕育着学习的可能，引导着学习的方向，见证着学习的发生，很好地充当了孩子的导师。

因此，本章将围绕好成绩的四大要素——内在动机、专注力、创新力、逻辑思维依次进行讲解，并给出针对空间设计方面的建议，帮助大家培养出真正爱学习、会学习的孩子。

第一节
从“要学习”到“爱学习”，正向反馈与空间引导

内在动机能激发孩子天性中的自发性和好奇心，能让孩子自主地对学习产生兴趣，喜欢有挑战性的任务。对既定的任务会全力以赴地达成目标，并在学习过程中获得兴奋感和成就感。

有内在学习动机的孩子，无论外在奖惩因素是否存在，都会进行学习并享受学习的快乐。孩子还能在追求目标的过程中，意识到自己的知识、能力等方面的欠缺，积极主动地调整自己的学习策略并加大努力程度。家长即使不煞费苦心地引导，孩子也能主动学习，养成爱学习的好习惯。

家长思考：你的孩子有内在学习动机吗？

- □ 自己能很好地完成作业，不需要家长操心。
- □ 自己做完学校规定的作业后，还会主动寻找课外习题。
- □ 自己主动制定学习计划和日程安排表。
- □ 对待没有完成的学习任务，到了休息时间也不愿停止。
- □ 能在学习过程中获得快乐和成就感。

越来越多的父母，为了孩子的学习投入大量时间和精力，精疲力竭；但是很少有父母能意识到，打造一个能激发孩子内在动机的家居环境，让孩子主动学习，爱上学习，往往更能事半功倍，不但解放自己，也能让孩子一生受益。

美国著名心理学家华生曾说过：“给我一打健康的婴儿，以及适合我培育他们的环境，我就能把他们训练成任何我想要的样子，让他们成为医生、律师、艺术家、企业家等。”

虽然华生的理论中忽视了遗传对儿童的影响，但不可否认的是，环境对孩子的学习和成长至关重要。

四种家居环境激发内在动机

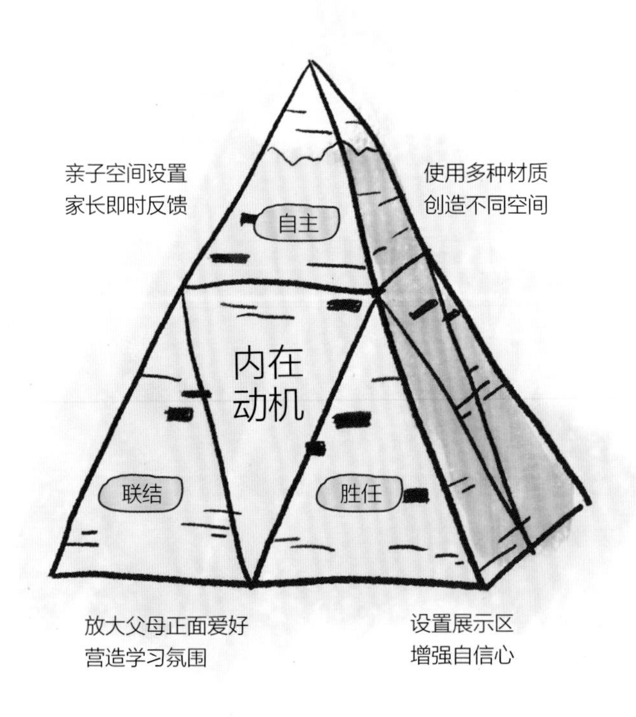

学习的内在动机模型

1 使用多种材质，创造不同空间

儿童对世界的探索都源于好奇，会通过触摸、观察来感知这个世界。在家居环境中，可通过设计增加空间感知元素，例如使用不同触感的材料，营造色彩变化和光影变化，空间设置不同的高度、不同的形式等。从孩子感兴趣的事入手，然后把兴趣变成他生活中的一部分，引导孩子从“要学习”，变成“爱学习”。

2 设置展示区，增强自信心

学习的内在动机受到愿景和目标的召唤，驱动力和学习的持久性才会增强。在空间布置上，可设置一面展示区，将孩子的目标院校或梦想、过往获得的荣誉、克服的难题等充分展示出来，在学习的过程中体验到成功的快乐会增长孩子的自信心，使他们更有勇气和兴趣继续钻研，对学习充满期待，敢于、勇于向困难挑战。

3 亲子空间设置，家长即时反馈

外部奖惩机制会影响孩子的内在学习动机。面对孩子的点滴进步或者挫折，父母的非奖励性鼓励或建议等即时反馈都会让孩子感受到安全感，保护孩子积极的内在动机。在空间布局上，可设置留言板和亲子空间，让孩子与父母随时沟通，共同参与，培养学习能力。

4 放大父母正面爱好，营造学习氛围

父母是孩子最好的老师，父母的兴趣爱好和生活方式都会潜移默化地影响孩子的行为。家中可以设置父母阅读区或兴趣区，例如书房、钢琴房等功能区，或将书柜放置在客厅，将客厅作为阅读区，以家长的榜样作用去感染孩子。

案例 10：客厅变身音乐厅

扫码查看
游走全景图

项目坐标：

福建厦门

主案设计师：

吴易宸

户型信息：

81 m^2（2 室 2 厅 1 厨 1 卫）

家庭结构：

业主夫妇、6 岁儿子

户型诊断：

①业主的大型架子鼓无处摆放

②厨房闭塞，通透性差

③卫生间狭小

业主需求：

需要有练习架子鼓的空间，希望父母对音乐的爱好也能让孩子耳濡目染

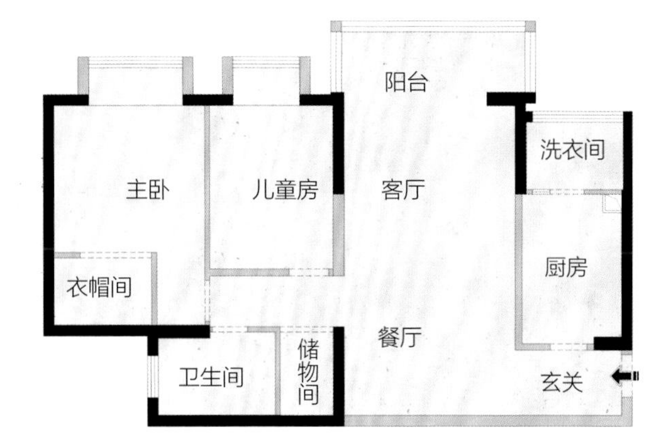

原始户型图

平面布置图

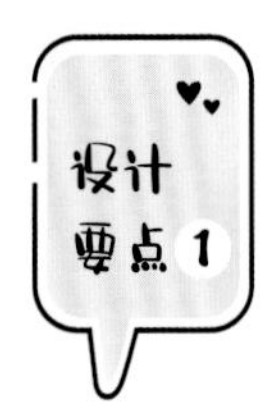

舍弃电视，
将客厅变成寓教于乐的学习场所

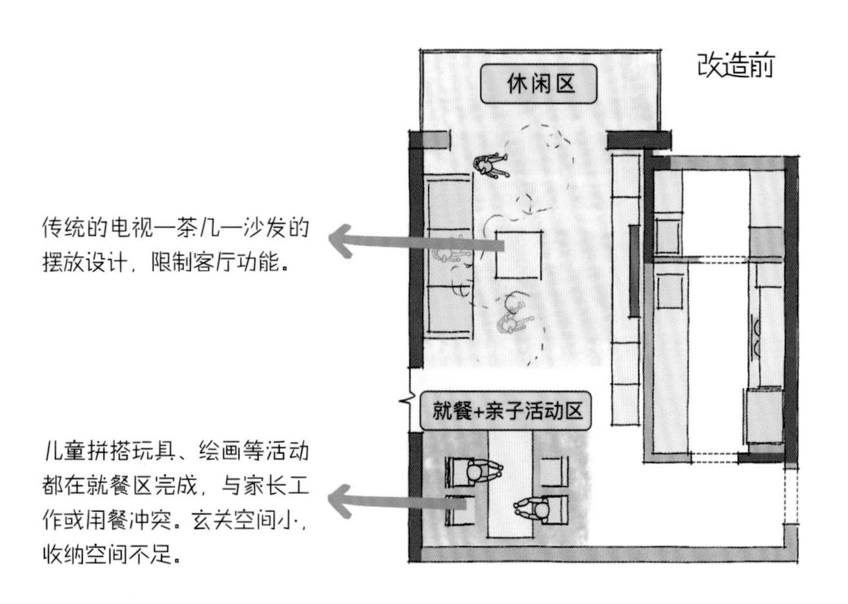

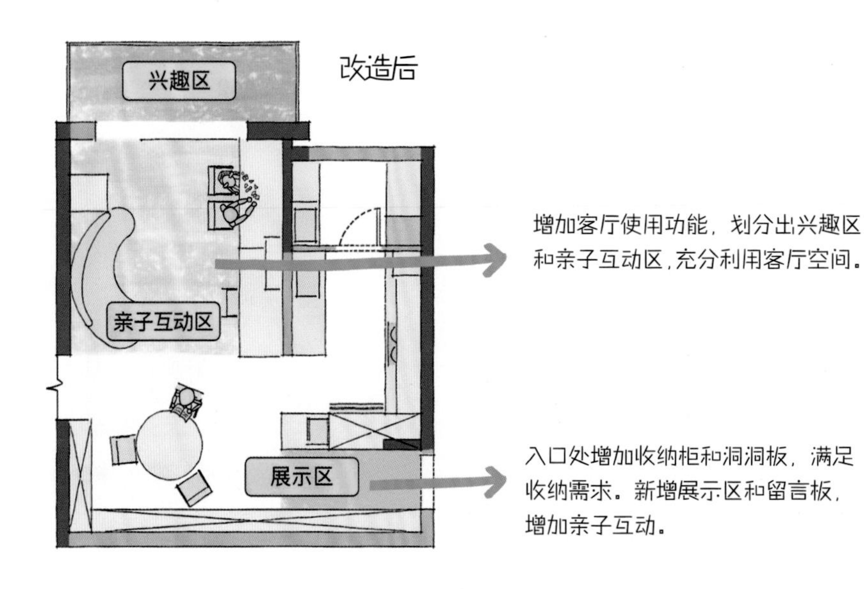

玄关组合柜承载了换鞋、挂衣、收纳等多重功能。利用厨房与玄关的隔墙增设留言板和穿衣镜，让玄关的空间更加丰富，最大化利用玄关空间。

客餐厅一体的设计让整个空间更加开阔。选用藕丝褐 + 空青 + 黛蓝三组复古色系的撞色搭配，增强视觉审美效果，也为空间作功能分区。

阳台整体抬高并作隔声处理，弧形造型打造舞台即视感。半圆沙发与阳台形成围合式的活动区。

客厅设置超长书桌，家长和孩子可以共同工作学习，增加家人之间的互动。墙面上的开放架可放置书籍、乐谱，展示乐器和藏品。

改变厨房入口方向，让孩子深度参与家庭活动

改造前

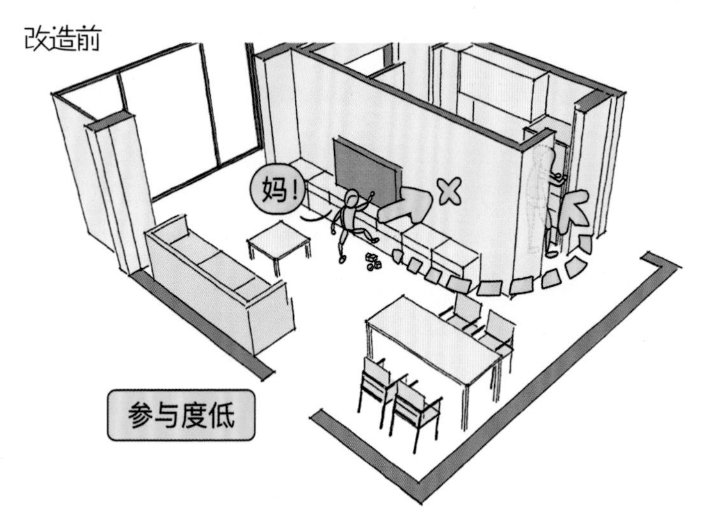

原户型是封闭式厨房，家长在厨房备餐时与孩子完全隔开，视线、声音受阻，两者的活动彼此隔绝。家长不能随时关注到孩子的动态，孩子也极少参与到烹饪活动中。

改造后

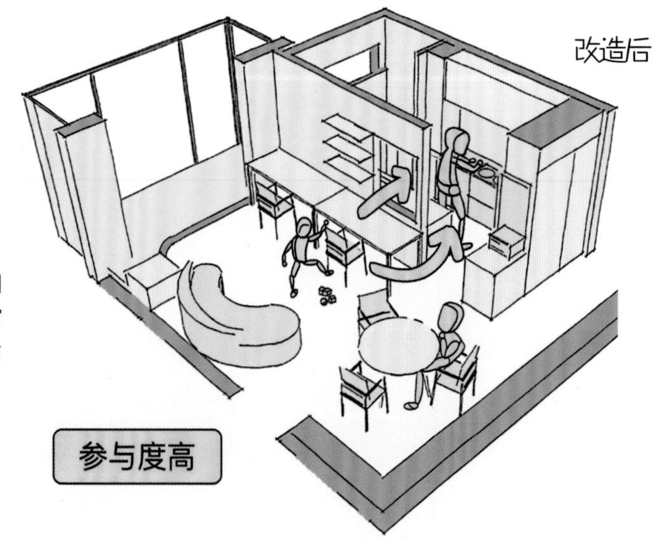

改变厨房入口，将原本封闭的厨房环境做开放处理。窗前桌的搭配也能让孩子参与“上菜”等家庭活动。

厨房预留观察窗，可以让正在厨房忙碌的父母看到在客厅玩耍的孩子。窗口让客厅和厨房形成远近不同的景观差异，丰富视觉效果。

放弃衣帽间和储物间，将孩子感受放在家庭第一位

改造前

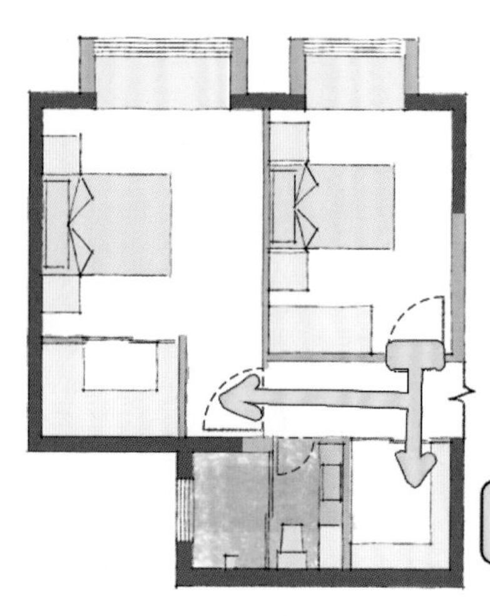

改造后

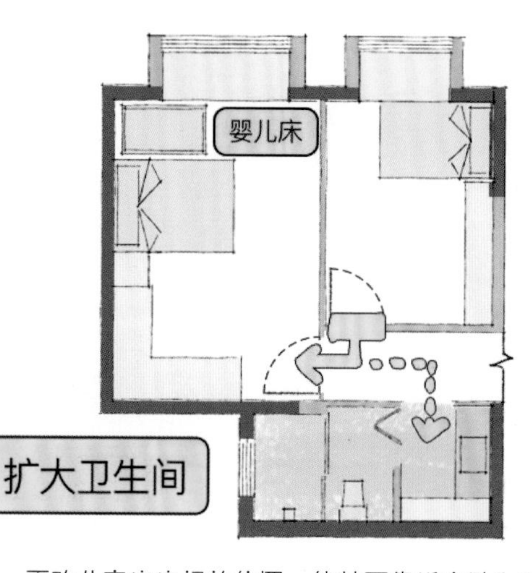

孩子房门与父母房门相距较远，且正对公共储物间，容易产生不安全感。全屋唯一的洗手间面积小，使用不便。

更改儿童房房门的位置，使其更靠近主卧和卫生间。孩子幼儿时期可在主卧设置婴儿床，方便父母照看孩子。将储物间和卫生间合并，扩大卫生间面积，增加台面及储物空间。卫生间干区设计开放窗，家长在干区做家务也能和孩子进行互动交流。

卫生间改为三分离设计，扩大整体使用面积，一家人使用更加便捷。同时增加了观察窗，让家长可以随时随地观察到孩子的状态。

儿童房房门选用门中门形式，增加对儿童友好的小门洞设计，使其成为孩子自己专属的世界大门，通向自己的小世界。

儿童房选用成品家具，预留出孩子成长所需的空间，孩子长大后可以根据自己的喜好进行调整。整体空间选用低饱和度的灰蓝色，更适合孩子的睡眠和活动。

用心倾听，等待孩子内在动机自然觉醒

请和孩子平等地对话交流，引导孩子自己找寻梦想和目标。不过度管理，让孩子享受掌控自我的感觉。和孩子一起成长，共同制定学习计划。尊重和允许孩子有不同的选择，倾听、等待孩子的内在动机自然觉醒。

第二节
定义空间的边界与规则，保持专注力

专注力又称注意力，是一个人在专注做某一件事情的时候，自动忽略其他事情的能力。专注力是智力的五个基本因素之一，是记忆力、观察力、想象力、思维力的准备状态。我们的大脑就像一个过滤器，专注力会决定哪一些信息能够进入我们的大脑，被关注、被加工、被整理。

意大利幼儿教育学家、蒙台梭利教育法的创始人玛丽娅·蒙台梭利曾说：“专注力，是一切学习的基础。”

孩子专注力时长

年龄	专注时间
2 ~ 5 岁	10 分钟
5 ~ 7 岁	15 分钟
7 ~ 10 岁	20 分钟
10 ~ 12 岁	25 分钟
13 岁以后	30 分钟以上

父母自省：你小时候是不是也这样？

□ 上课很难集中注意力，经常“神游”，或者左顾右盼。

□ 每次写作业都写好久，因为写着写着就开始玩了。

□ 阅读的时候经常跳行、跳字，抄写时漏字、漏行或左右上下写反。

□ 读完一篇文章不能复述其中的内容。

□ 没什么持之以恒的爱好，学什么都是“三天打鱼，两天晒网”。

□ 间歇性勤奋，定制计划后很难执行下去。

□ 考试成绩不理想，且大部分都是遗漏、理解有误、粗心大意等原因导致的问题。

幼儿阶段是培养专注力的关键时期，空间环境对孩子专注力的培养至关重要。但我们在调研中发现，很多家长只关注给孩子买玩具、上课，却没有意识到幼儿所处的环境才是培养其专注力的重中之重。

专注力作为一种能力是从小开始，并贯穿整个成长期培养得来的，其中，家庭教育和家庭环境都是很关键的因素。

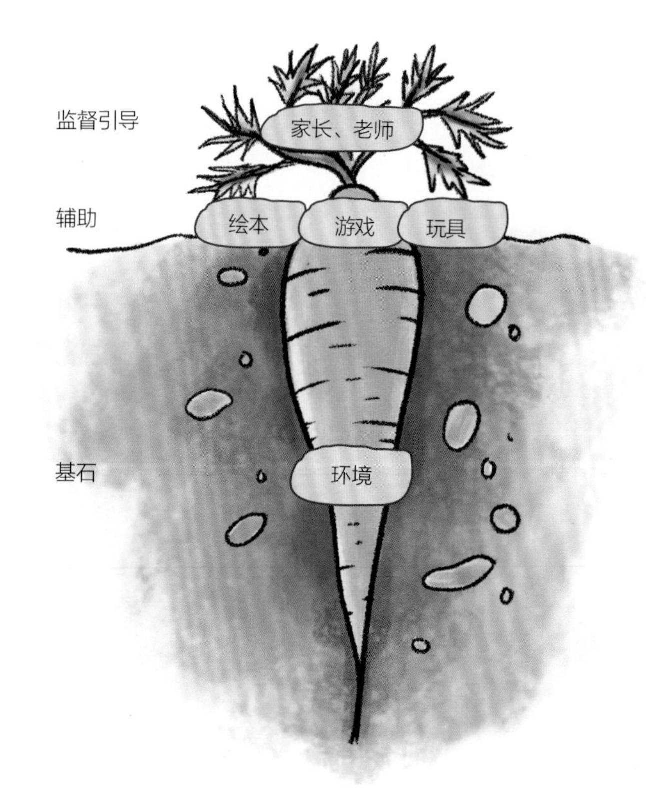

专注力养成训练

夯实专注力地基

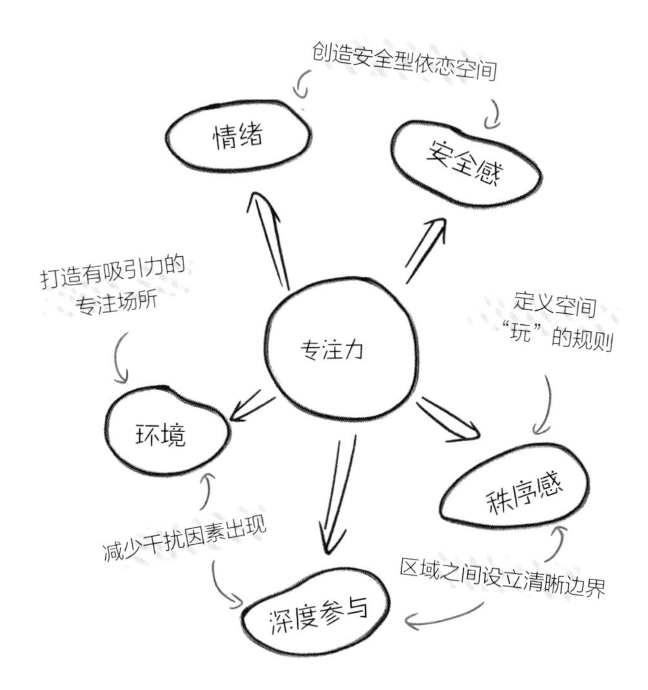

1 创造安全型依恋空间

孩子有安全感，对所处空间和做的事感兴趣，才能更专注。孩子对父母和安全、熟悉的环境有天然的信任和依恋。在室内空间设计上要注意功能区的相对位置选择，让孩子处在随时能看到父母的环境中，建议多营造开放空间（孩子与父母视线完全交汇）或半开放空间（可通过玻璃、帷幔等看到父母）。孩子越有安全感，情绪越稳定，越能专注于自己的活动。

2 打造有吸引力的专注场所

日常生活中留意孩子的喜好，在专注区域的环境布置上，以孩子兴趣为出发点，以美观舒适为原则，在空间上给孩子预留自主装扮的空间，让孩子充分展示自己的喜好，在自己喜欢的环境里做自己喜欢的事。营造边界清晰的空间和安全舒适的环境，制定游戏的规则，才能保证孩子在不被打扰的情况下深度参与当前活动。

区域之间设立清晰边界

为孩子不同的活动设立独立空间，或在共同活动空间中设立明显界限。同时也要设置合理动线，保证父母在家中的日常走动不会打扰到孩子专注做事。

减少干扰因素出现

空间选用低饱和度的颜色，避免鲜艳颜色在视觉上给人压迫感。所有区域光线充足、柔和；不同隔声材质的搭配，实现儿童在房间内呼唤父母能被父母听到，但父母在客厅活动的声音不会打扰到孩子的活动。

5 定义空间“玩”的规则

玩具收纳空间的设置应符合 1.2 m 原则，即在儿童视线范围内设置孩子的收纳空间，方便儿童取用，在培养孩子收纳习惯的同时，增加其对秩序感的认同。儿童活动用品按使用场景集中放置，减少因走动而产生的影响。

案例 11：将电视机移出客厅中心位置，实现客厅功能多样分区

扫码查看
游走全景图

项目坐标：

陕西西安

主案设计师：

刘季蕊

户型信息：

132 m^2（4 室 2 厅 1 厨 2 卫）

家庭结构：

业主夫妇、6 岁儿子、3 岁女儿、爷爷奶奶

户型诊断：

①大横厅的采光不足

②家务动线长

③卫生间面积小

业主需求：

男主人是医生，需要有一个加班回家不打扰家人的休息空间，希望一家人在客厅有更多的交流

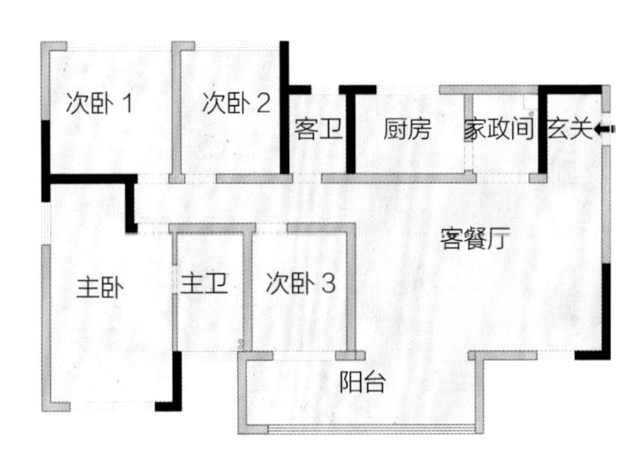

原始户型图

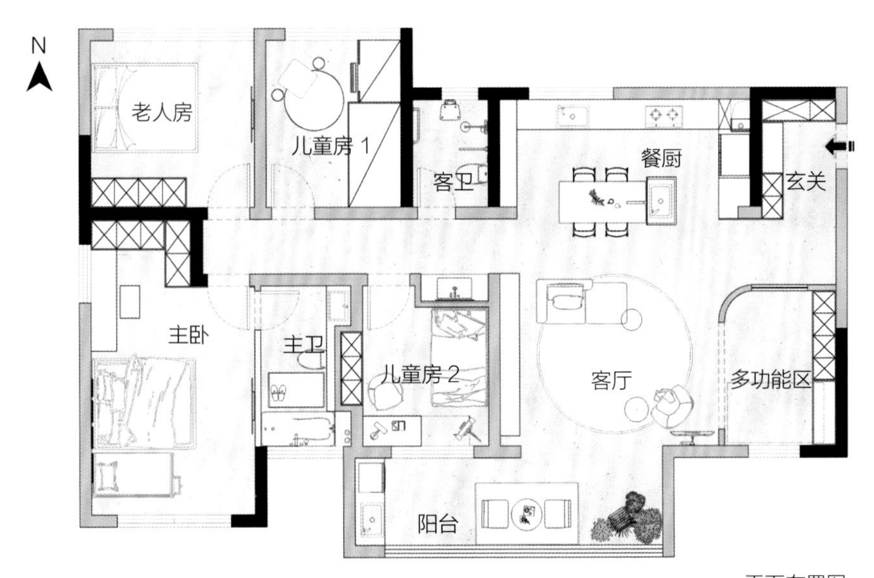

平面布置图

横厅变 LDK 大方厅，打造更多交流互动的场景

改造前

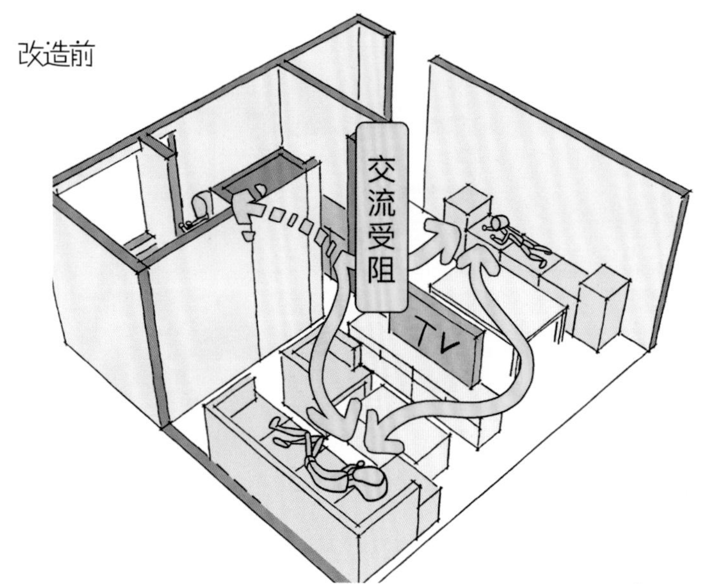

厨房面积较小，采光与通风较差。客厅、餐厅、厨房功能区布局分散，居住环境更显拥挤混乱。

改造后

打通厨房与客厅，形成顺畅的洄游动线和宽敞的交流空间，孩子随时都能和父母交流，同时也能有一定私密性。岛台一餐桌设计创造更多亲子交流的可能。

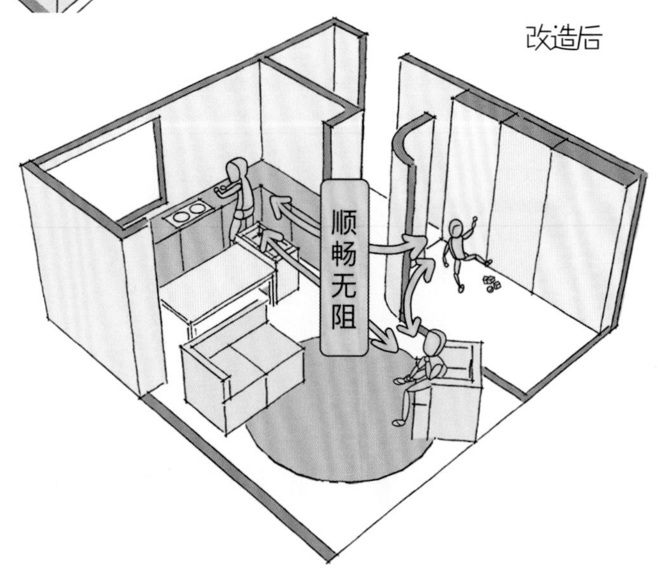

把原始客餐厅调整为一体化 LDK 之后，光线能够更深入室内中部空间，整个客餐厅拥有了更好的采光与通风。

开敞的空间可以让全家人一起享受备餐的乐趣，满足家庭烘焙、亲子互动等多种使用情景的需要，更好地挖掘孩子的兴趣，锻炼专注力。

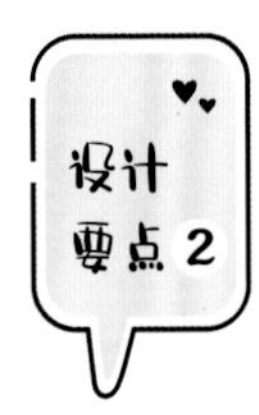

新增多功能房，将电视移出客厅中心位置，减少干扰因素出现

改造前

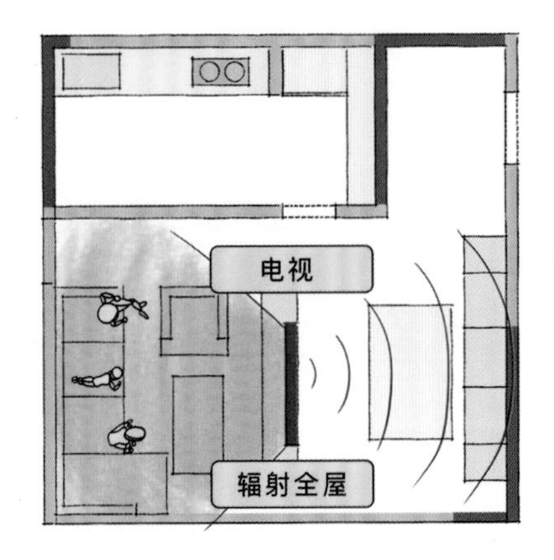

电视在客厅中央，全屋都会受到电视画面和声音的干扰。孩子长时间看电视，习惯"被动"摄取信息，更难集中精神"主动"、深入地参与活动。

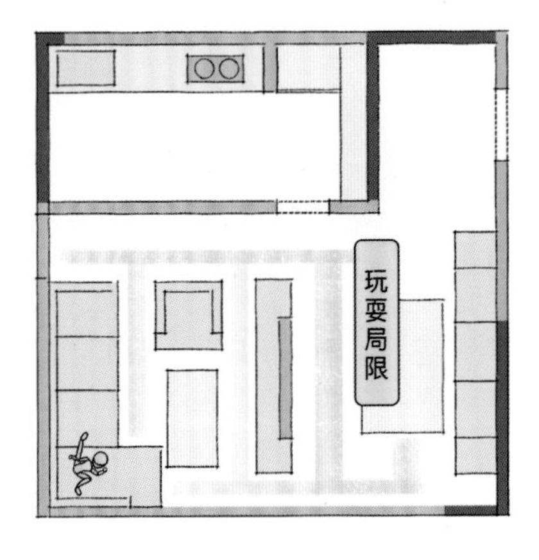

客厅只满足最基本的功能，没有儿童专属的活动空间。

改造后

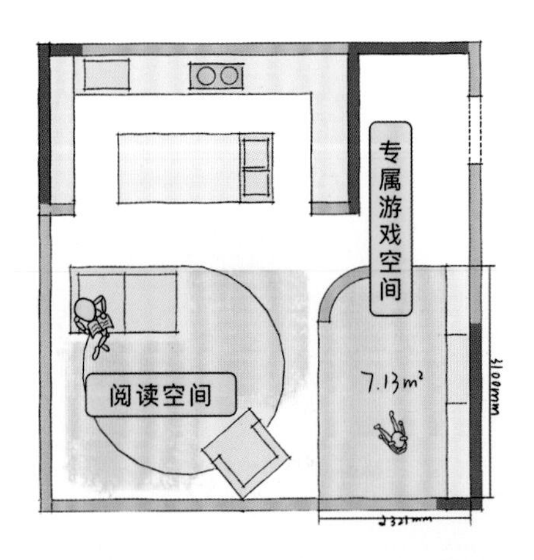

用墙面和抬升地台围合空间，形成儿童专属游戏场所，采光充裕，视线开阔。左侧客厅区域作为阅读区，供一家人围坐阅读。合理的动静分区，有助于孩子专注力的养成。

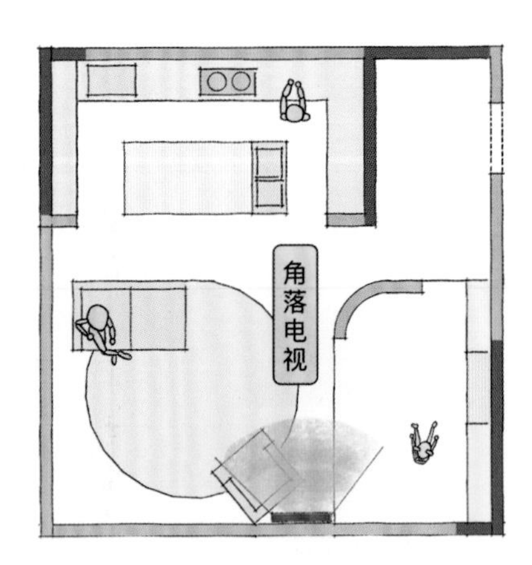

摒弃传统布局，将电视移出客厅中心位置，放在客厅角落，减少干扰因素，削弱电视对孩子专注力的影响。

顶天立地的组合柜内嵌在墙体之中，增加收纳空间，让客厅整洁有序。空间以沙发和地毯作为视觉中心，将客厅功能交还给家人间的沟通交流。

多功能房采光充裕、视线开阔，与客厅相通，便于在客厅的家长照顾孩子。此区域是儿童专属的游戏场所，可进行躲猫猫、拼乐高等游戏活动。

多功能房的部分收纳柜里有隐藏的一体式壁床，既不占用空间，也方便偶尔来家小住的亲友使用。

游戏收纳柜可让儿童自行收纳，增强秩序感，减少无关的玩具或用品对其注意力的分散。柜子里安装 LED 灯带，挥手即开即关，便于看清柜内物品，方便收纳取用。

调整布局释放客卫空间，儿童房设置因地制宜

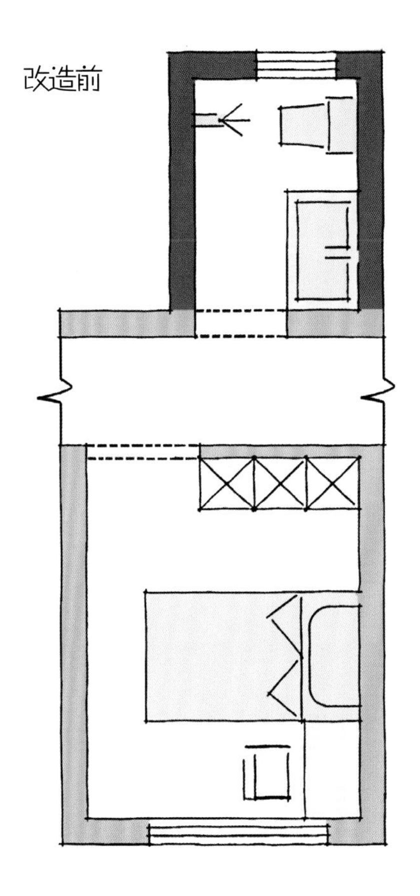

客卫面积仅有 2.6 m^2，布局紧凑。儿童房内的桌面较小，使用不便。

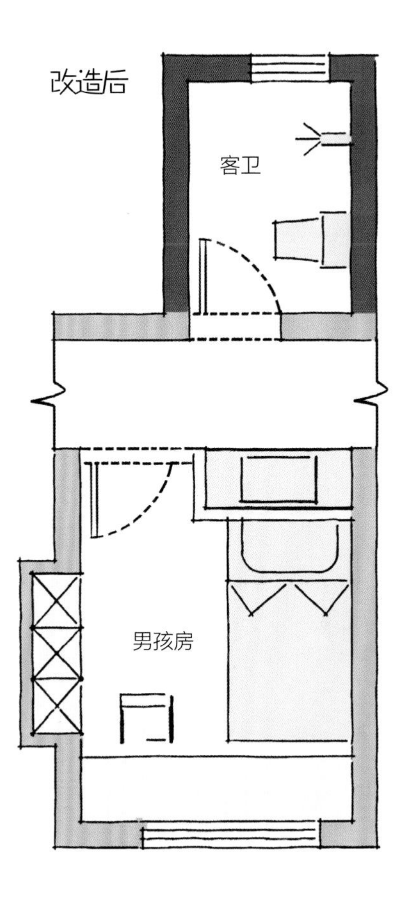

客卫向儿童房“借”了盥洗区，增大客卫面积。儿童房转而从主卫“借”出一个衣柜 + 书柜的空间，空间转借，使动线更流畅。

男孩房以低饱和度的蓝色作为主色调，既有助于保护儿童视力，也有助于专注力的培养。柜体采用内嵌式设计，避免房间内过多棱角对儿童造成伤害，也让空间流线更加顺畅。

书桌放在靠窗位置，引进自然光。书桌和书架相邻摆放，让孩子在最短距离内就能拿到学习资料。

现阶段女儿较小，所以女儿房更侧重于游戏功能。树屋造型天然地让孩子产生好奇心，也可以让孩子从不同视角观察事物。树屋下可作为暂时的储物空间。等孩子上学后，下层的收纳架可换成书桌椅子等，成为可以专注学习的场所。

树屋高台上设置了小卡座和绘本架，围栏形式让孩子更有安全感，更容易在这个场所安心地阅读绘本或玩玩具。

不过度打扰，是对专注力的最佳保护

想在学习中有所收获，往往需要沉浸在学习的氛围中，进行深度思考。然而很多父母会在孩子学习的过程中频繁地询问孩子的情况，过度嘘寒问暖，却没想到这样会打断孩子的学习思路，干扰孩子专注力，影响学习效果。

第三节
丰富的空间可变性，提升创造力

20 世纪 50 年代，美国心理学家 E. 保罗 · 托伦斯曾对 400 名儿童进行创造力测试，内容由一些相对简单的语言和图画测试构成，从流畅性、灵活性、独特性和精细性等几个方面来评价个体儿童的创造力（当年托伦斯设计的测试至今仍是创造性思维测试的黄金工具），并持续追踪记录他们的成长和成就。

结果发现，童年时期的创造力指标准确地反映了他们成年后的成就，精度比 IQ 要高出 3 倍。也就是说，创造力越强的人，也越容易获得成绩。

托伦斯对创造力的丰富研究也成就了他“美国创造力之父”的称号。实验中的四个维度，成为衡量一个人是否有创造力的重要指标：

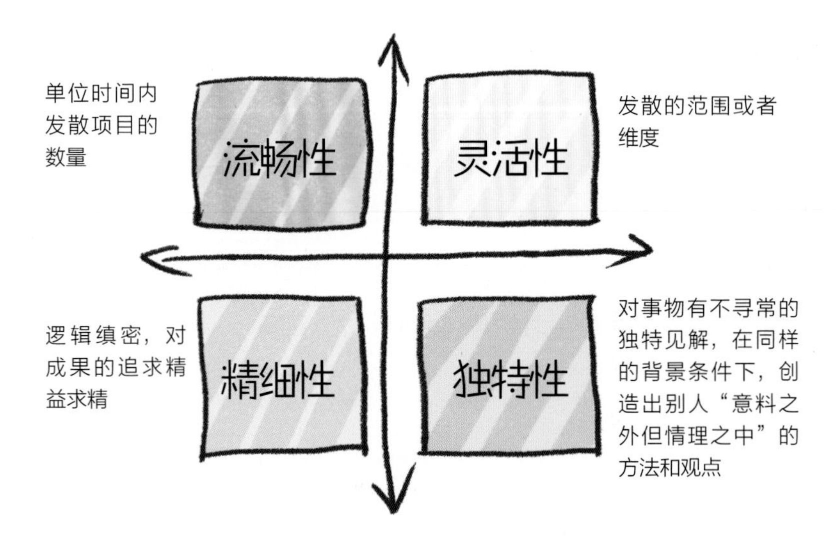

观察时间：你是否发现了孩子的创造力？

每一个孩子天生都有创造力，有某一个领域的天赋，但是很多家长却经常忽视孩子表现出来的创造力信号，只执着于其造成的负面影响。

负面解读	正面解读
不合常理地瞎画，天是绿的，草是蓝的	有独特艺术天分，能从新视角看世界
不珍惜物品，总是弄坏玩具；在墙上乱写乱画，或总是画出涂鸦本的线框范围	动手能力强，有超强的表达欲，不墨守成规
在家长工作或做家务时调皮捣蛋，问东问西	对未知事物有极大的好奇心
出门爬上爬下，经常受伤	勇于探索，对陌生环境有浓厚的求知欲望
说话莫名其妙，例如“妈妈，屋里有一只恐龙”	有出色的想象力，能为自己搭造梦幻世界
喜欢看电视、打游戏	视觉分析能力强，能在短时间摄入大量信息
反复地画同一种图案，看似无聊	能通过图案表达对事物的理解

大部分家长没有意识到，孩子的创造力表现在方方面面，很多看似有“破坏性”的行为，其实是在一次次激发创造力的机会。家作为儿童日常居住和最长时间玩耍的空间，是激发孩子创造力的核心场所。家庭布局、色彩使用、光影变化、物品摆放等家居环境中的种种细节，都会对儿童的创造力产生重要影响。

“3B”法则，培养孩子创造力

“3B”即扭曲（Bending）、打破（Breaking）和融合（Blending），是由著名的脑科学家大卫·伊格曼和音乐家安东尼·布兰德提出的人类创造力的核心。大卫·伊格曼认为，创造力的形成基础是“学习或了解大量未知的事物和知识”，但对事物和知识的处理过程才是“3B”法则发挥功效、产出创造力的时刻：

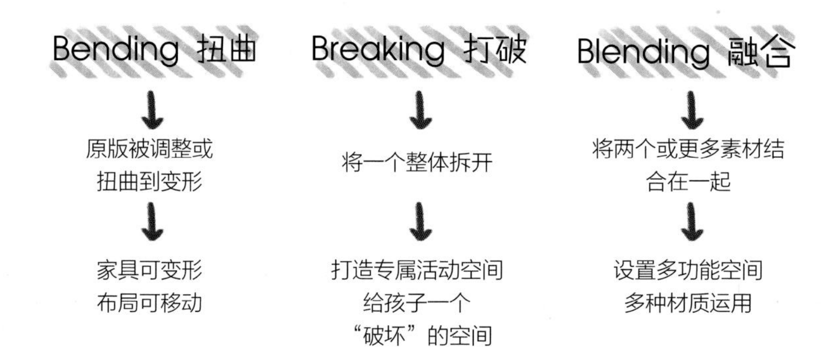

在家居环境中运用“3B”法则，培养孩子的创造力

1 跳跃的色彩

空间中大面积使用高明度、低饱和度的色彩，营造温和不刺激的氛围，为创造力的开启做准备。家具主体色兼顾每位家庭成员的色彩偏好，点缀色参考孩子的性格或喜好，可使用明度和饱和度不高于 70 的活泼愉悦的颜色，促进孩子跳出传统色的束缚，激发创造力。

2 多样的造型

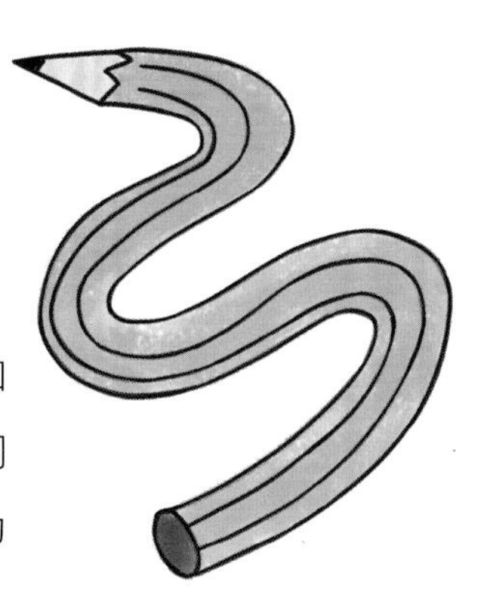

除了传统的空间结构和造型外，可考虑使用多样的造型，如圆弧形、菱形、多边形等，但不宜过多。多样的造型会形成空间中的对比，给孩子提供直观的感受和联想的依据，构成有冲击力的视觉效果和强烈的感染力。

3 可变的家具

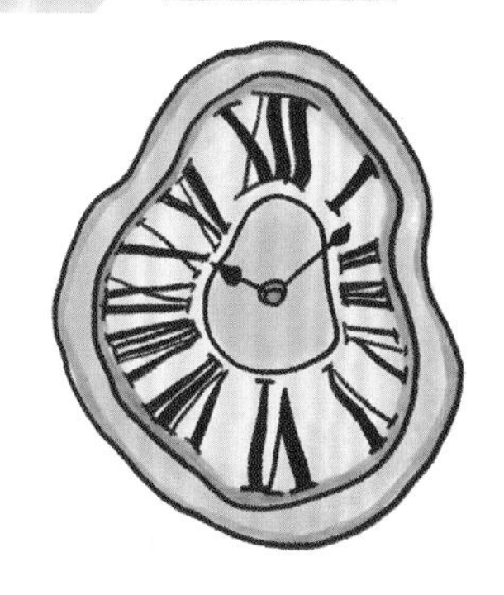

家具由于其可变性成为发挥创造力的好素材。选用隐藏式推拉门、折叠餐桌、书柜变下翻床或侧翻床、伸缩书桌等家具样式，或设置可滑动底座，通过空间使用功能和家具位置的变化，增加空间的灵活性和可变性，让孩子“扭曲”并“打破”固化思维，激发创造力。

4 灵活的动线

充满创意的灵活动线可以联通私密空间和公共空间，打破空间的界限，使整个家充满互动性，孩子也能轻松愉快地游走在不同空间，让每一个角落都舒服自在、充满灵感。

“案例 12：利用层高优势，圆梦小小宇航员”

扫码查看
游走全景图

项目坐标：

加拿大温哥华

主案设计师：

王景伟

户型信息：

110 m^2（3 室 2 厅 1 厨 2 卫）

家庭结构：

业主夫妇、5 岁女儿

户型诊断：

①项目位于国外，墙体不能移位

②动线弯曲、空间不方正

业主需求：

夫妻可以接受大胆的配色，女儿是个十足的天文迷，希望环境中有太空元素

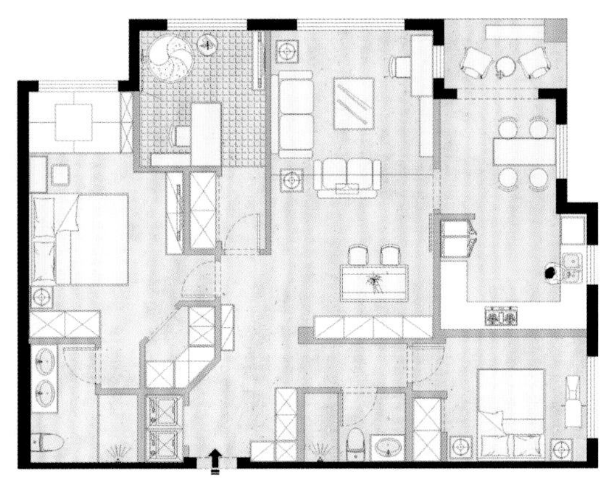

原始户型图

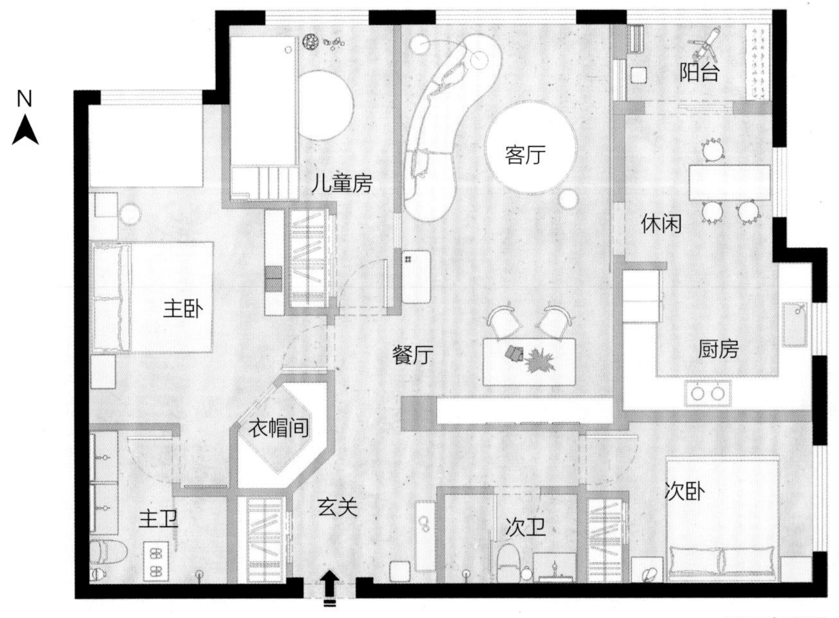

平面布置图

设计
要点 1

利用层高打造“太空舱”，颠覆固有居住环境

原始层高有 3.2 m，借用了客餐厅中间的横梁框架，在错层的基础上进行梯形倒圆弧设计。配合客厅中央的圆形空盘吊顶、流线型的布艺沙发、球形白色吊灯、背景墙仿白色光斑等造型，营造出一种太空舱内部的即视感。

运用橙、黑、绿三色，搭配不同的材质、形状，以及不同的功能展示，让空间显得更加灵活多变。

吊轨谷仓门，创造可分可合的活动空间

谷仓门的门板用黑板漆涂刷，不仅可以让孩子涂鸦，更可用于分隔客厅与厨房空间。拆除墙体，设置展示柜，鼓励孩子发展兴趣爱好。

创建可多角度观察的多功能环岛，创设洄游动线，放飞想象力

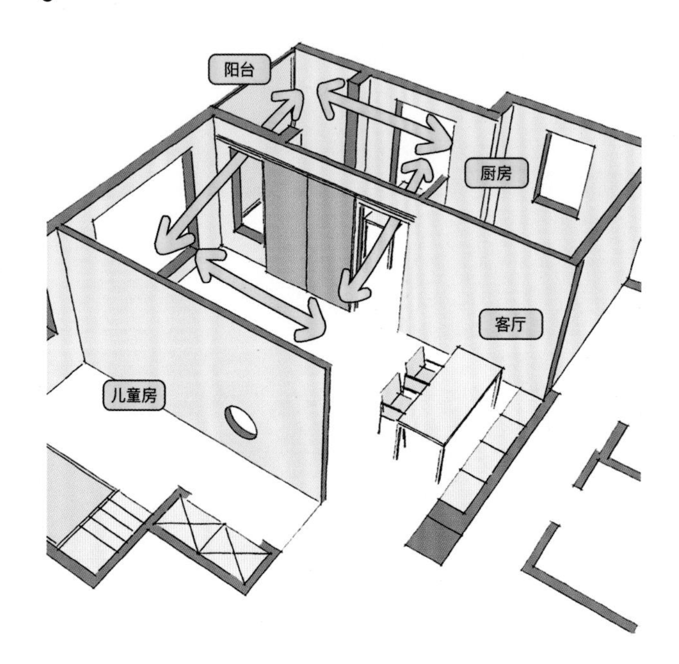

利用厨房移门及阳台出入口，在阳台—客厅—厨房空间打造洄游动线，让孩子能自由穿梭、攀爬、跑跳，使探索过程充满童趣。

阳台内部可放置天文类书籍和绘本，让孩子安静阅读，同时满足孩子探索太空的欲望。

在客厅和儿童房之间，距地高 80 cm 处，新增圆形观察窗。观察窗模拟太空舱窗口造型，既给孩子身处太空船的感觉，也能用来玩儿躲猫猫的游戏。

不用标准答案和固化思维约束孩子的想法

孩子创造力的培养离不开家长的引导，家长应相信孩子与生俱来的创造天赋和创造热情，给予孩子自由发挥创造力的空间与机会。多与孩子讨论他们的新想法，不用标准答案和固化思维约束他们，引导孩子进行发散型思考。

上床下柜的一体化家具设计预留最大的活动空间。孩子既有动手创作的区域，也有属于自己的收藏展示区域。

第四节
感知力、分辨力、统筹力的空间塑造

黑格尔在《逻辑学》中提道："逻辑是一切思考的基础。"

逻辑思维能力是人们利用观察、概念、判断、分析、比较、推理等思维形式，辅助自己对客观现实进行理性认识的综合能力。简而言之，就是有条理、有根据地分析推理事物和表达自己的思维过程。

任何课程的学习都离不开逻辑思维能力在"概念—判断—推理"这一过程中所发挥的作用。也就是说，孩子的学习策略、学习方法、成绩水平等学习能力的展现，都会受到逻辑思维能力的影响。

家长注意：别等孩子长大才意识到，是逻辑思维出了问题！

孩子逻辑思维能力差的表现：

□ 做了很多课后练习，但题目稍做改变，又不会了。

□ 玩游戏时，对规则理解混乱，需要很长时间才能明白规则。

□ 表达能力差，说话前言不搭后语。

□ 听完一个故事，很难说出故事梗概。

□ 不能理解对应的因果关系，很难从已有现状推断可能导致的结果，或是从现有结果进行原因分析。

空间设计中，培养逻辑思维的要点

儿童心理学家让·皮亚杰认为，逻辑运算触及了认知的本质，因此，孩子的逻辑思维能力能直接或间接决定其智力的各方面发展。为此，他深入研究儿童“认知发展理论”，将儿童对事物的认知及面对问题情境时的思维方式与能力表现，按照年龄进行阶段划分：

让·皮亚杰认知发展阶段理论

年龄	阶段	特点	行为	阶段性设计
0～2岁	感知运动阶段	具有客体永久性，认知结构为感知运动图式，依靠动作去适应环境	婴儿利用感觉和运动能力来学习周围的世界，通过握、抓、推、拉等动作直接和物体互动	预留开敞安全的活动场地，活动区域铺设地垫，空间整洁有秩序
2～7岁	具体运算阶段	具有相对具体性、泛灵论、思维不可逆性和自我中心性。将感知动作内化为表象，建立了符号功能	通过提问来更充分地探索他们周围的世界，通过模仿大人的行为举止来拓展对自我、他人和世界的理解	设置家庭融合共享空间，设计对儿童友好的尺寸，设置儿童专属收纳区
7～12岁	前运算阶段	守恒性、脱自我中心性和可逆性。认知结构为运算图式	学习大量科学知识和数学法则，能进行简单的哲学思考	创造儿童独处空间，完善儿童房功能
12～15岁	形式运算阶段	具有抽象逻辑推理能力，关注假设的命题，对假言命题作出符合逻辑的和富有创造性的反应		

三步助推逻辑思维

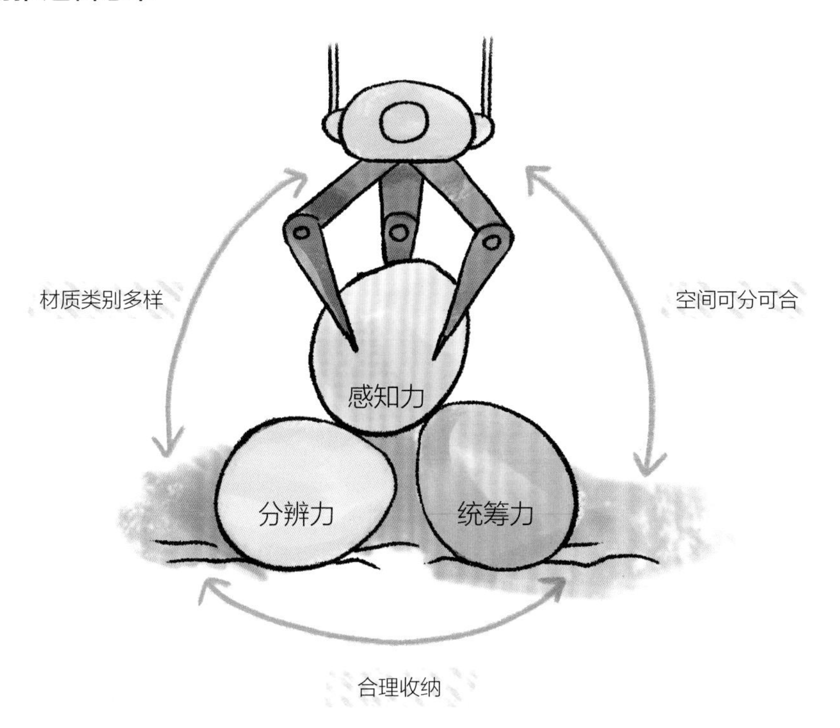

1

让空间可分可合，增加感知力

可分可合的空间，即根据不同的居住需求，将空间组合出多种形式。例如儿童房与客厅以推拉门相隔，拉上门营造界限感，拉开门带来空间连续性、开阔性及比对性，增加孩子的空间感知力。流畅的洄游动线，让孩子顺着路径悠游时思维更顺畅，反向行走时培养逆向思维。

2 让材质类别多样，增强分辨力

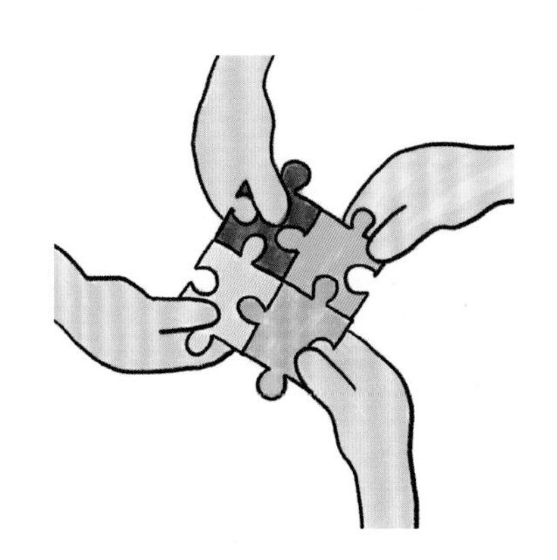

对家具和配饰的选择，尽量采用不同材质，例如实木桌椅、大理石茶几或藤椅，让孩子感受不同纹理和触感；圆形吸顶灯或菱形吊灯让孩子感受不同造型的区别，有助于让处于感知运动阶段和前运算阶段的孩子增强分辨力。

3 让收纳更合理，增强统筹规划力

在公共区域设置儿童玩具收纳区或餐具收纳柜，在儿童房内设置书架或衣柜，或利用树屋空间打造收纳区，都可将空间利用到极致。针对不同类别的物品打造适宜的收纳区，不仅可以培养儿童自主收纳的习惯，还能增加儿童分门别类的统筹规划能力，搭建逻辑思维。

案例 13：巧用通顶推拉门，满足多情景使用需求

项目坐标：

河北保定

主案设计师：

刘季蕊

户型信息：

109 m²（3 室 2 厅 1 厨 2 卫）

家庭结构：

新婚夫妇，打算近期要孩子

户型诊断：

① 动线混乱，过道浪费了大量的使用面积

② 东向房间面积较小

③ 公用卫生间偏小

④ 玄关收纳空间不足

业主需求：

女主人是老师，需要有独立办公空间，希望给未来的孩子设计一个树屋

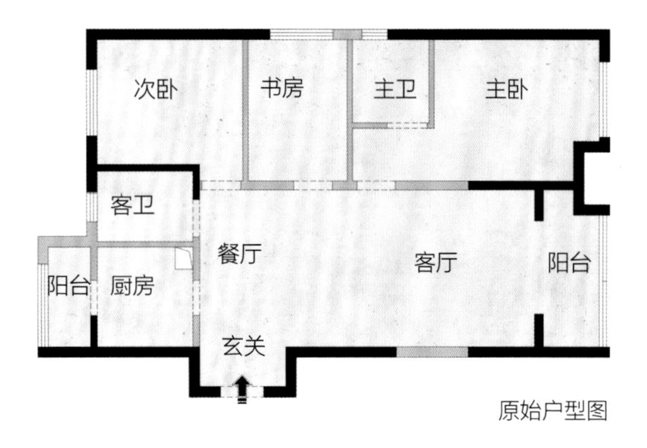

原始户型图

平面布置图

扩大儿童活动空间

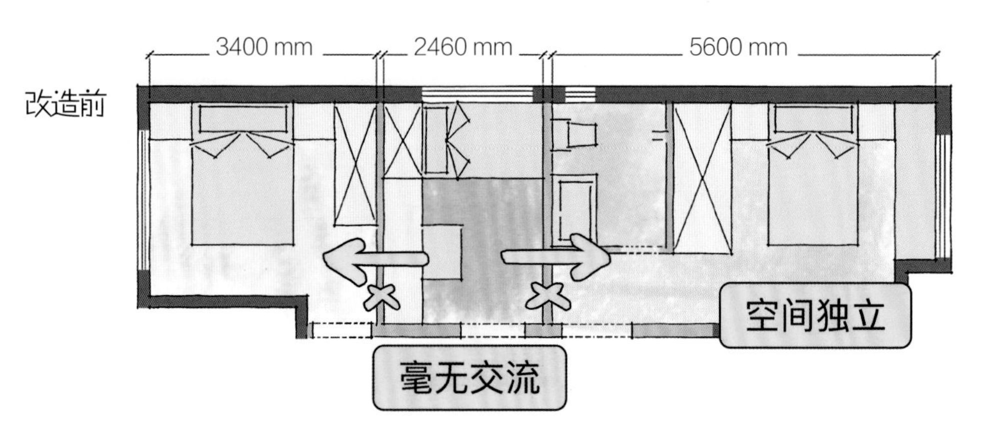

空间功能彼此独立分散，动线单一，儿童进出房间的动线和其他空间无交流，容易困在同一种环境和思维局限中。

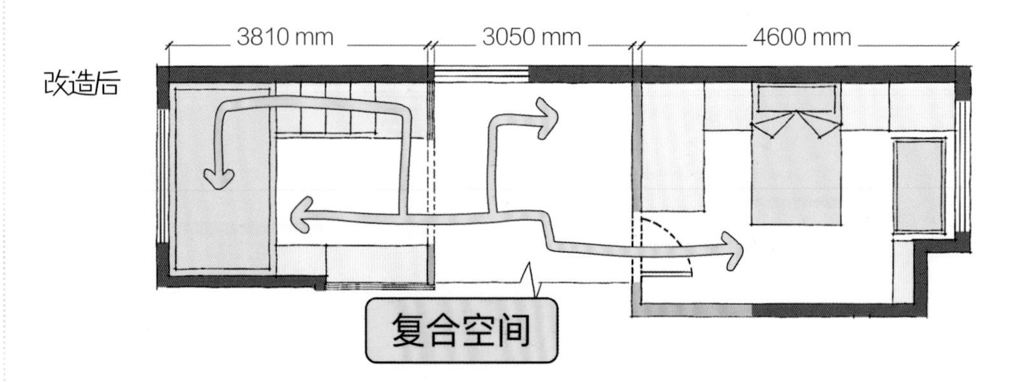

取消主卫和客卧，设置尽量大的活动场地，为孩子打造兼具休息功能和游戏功能的复合型儿童成长空间，也有利于儿童多种类型活动的开展，多元化训练逻辑思维。

串联公共空间（客厅）、过渡空间（儿童活动区）和私密空间（儿童房、主卧），通过空间功能变化和家具摆放增加多条洄游动线，促进孩子对路线的归纳与演绎、行为的分析与推导、因果递推思维等多种逻辑思维的开发和拓展。

儿童活动空间将地台抬高处理，和树屋组合形成高低不同、错落有致的空间，打造多种功能场景和氛围，帮助孩子更全面地认知和探索空间。

多种功能分区和空间形式

隔断门敞开：
娱乐空间更大。

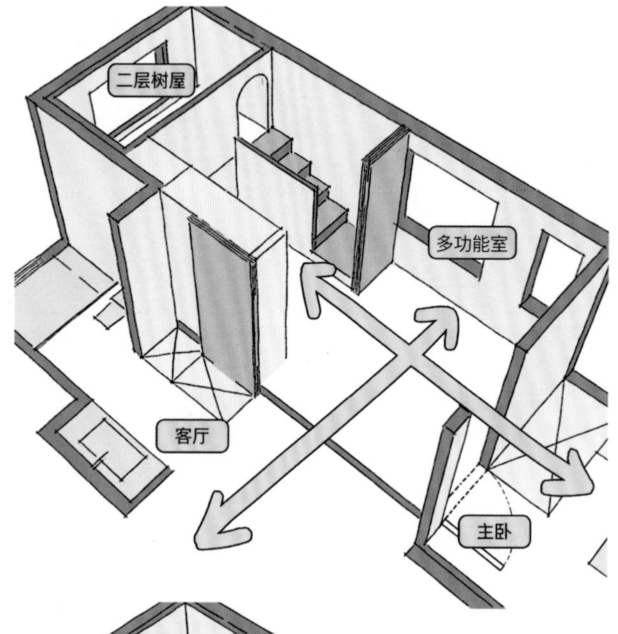

隔断门关闭：
学习、休息、工作都不被客厅活动打扰。

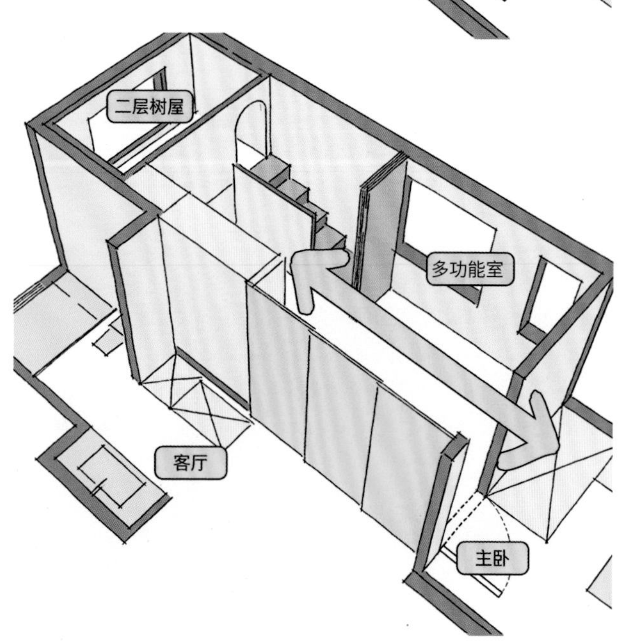

通顶推拉门的巧妙使用，将儿童房—多功能室—主卧—客厅按属性、功能、活动、特点等有机地整合或分割，空间充分利用，满足家庭多种情景的使用需求。

卧室房门关闭：
休息环境更安静。

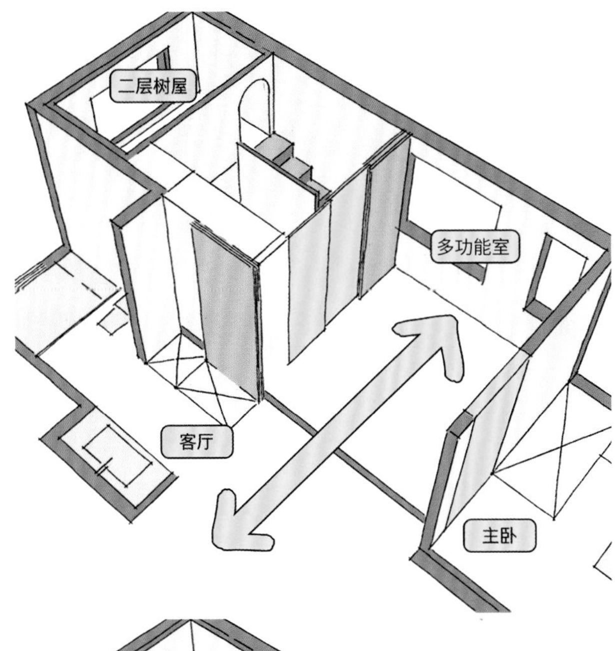

全部房门关闭：
各空间独立私密，活动互不干扰。

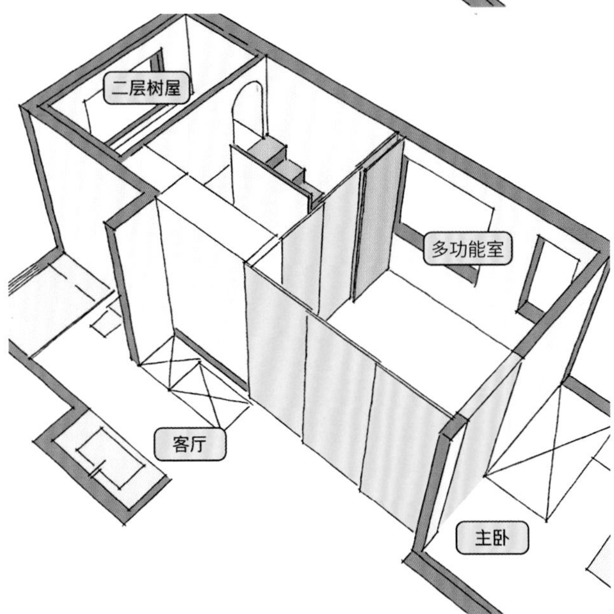

设计要点 3

家居设计的成长性原则

0~2 岁婴幼儿时期

少设置障碍物，铺设地垫，扩大爬行范围，锻炼孩子的感知和运动能力，刺激大脑发育。儿童活动区设置玩具和清洁用品收纳柜。在一定范围内满足幼儿游戏、清洁、家长陪伴等需求。

2 ～ 7 岁学龄前时期

学龄前的孩子已经可以独立完成行走坐卧等基本行为，更注重通过对家长语言行为的观察模仿和一定的社会性活动来探索世界，此时可进行多种活动。此阶段儿童活动空间的收纳格可作为孩子专属的收纳空间，培养分类意识。多种形式的玩具也能扩大儿童的接触面和兴趣面，让儿童思维全面发育。

7 ～ 15 岁学龄儿童

学生时代课业逐渐繁重，多功能区可选择定制书桌，以成为儿童学习和家长辅导的主要区域。

可分可合的推拉门让空间功能和空间形态更多样，同时也能保证孩子的学习不受家长活动的干扰。

爱上学习，学会学习

会学习的孩子并不是天生的，创造培养孩子内在动机、专注力、创造力、逻辑思维能力的环境，更有利于帮助孩子在学习中获得好成绩。

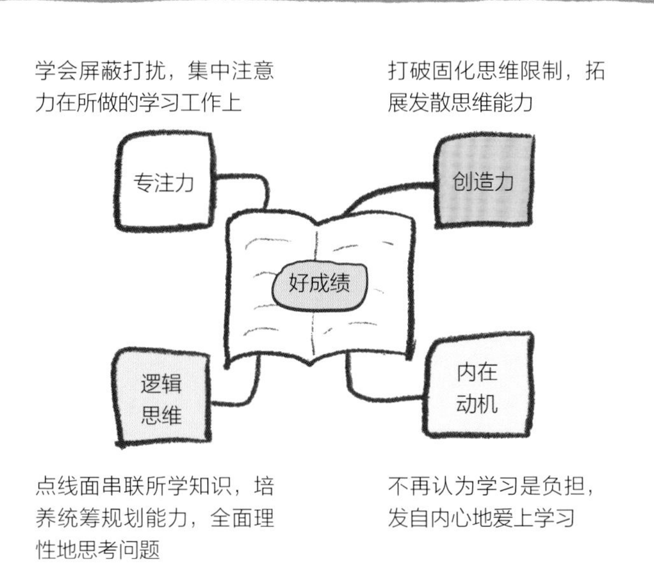

第五章
空间自由：促进情绪改善与情商提高

我们为孩子打造一个安全的空间，让孩子健康成长；给孩子一个尺寸合适的居家环境，让孩子自立自强；在家中打造多种亲子游戏场景，让孩子阳光开朗；合理设置家庭动静分区，让孩子在家庭环境中主动学习，学有所长。

但是这些还不够，我们还期待着孩子在长大后能够事业成功、家庭幸福。而这就需要孩子在处理家庭和职场关系时，拥有高情商。

好的家居环境是最适宜培养孩子高情商的土壤，让孩子更善于自我情绪管理，在面对压力时，有更强的心理韧性；更能体察他人的感受和想法，换位思考；拥有更高超的沟通技巧，解决人际关系问题。

本章将围绕空间设计如何帮助培养孩子的情绪管理能力、认知能力、社会能力三方面依次展开详解，让孩子能够找到自己、活出自己，拥有人际关系和谐、快乐幸福的人生。

第一节

情绪管理空间，让孩子理解自己与他人

情绪管理，指通过提高对自身情绪和他人情绪的认知，培养驾驭情绪的能力，并由此产生良好的管理效果。一个拥有情绪管理能力的孩子，可以在情绪低落时选择健康合理的方式舒缓压力，遇到挫折时能迅速恢复健康的心理状态，同时更好地理解他人的情绪，建立和谐稳固的人际关系。

但实际上，大脑中负责情绪管理的前额叶皮层在 25 岁左右才逐渐发展完善。这样，家庭环境对孩子情绪管理能力的培养就显得至关重要了。

家庭生活是我们学习情绪的第一个学校。在这个鲜活的小世界里，我们学会了如何感知自己的情绪，了解了他人是如何回应我们的感受，读出了他人眼中的希望或恐惧，也学会了如何表达自己心中的希望或恐惧。在这个情绪学校里，不但家长对孩子说了什么、做了什么会影响孩子，父母还通过自身的言行举止告诉孩子他们是如何处理情绪的，夫妻之间应该如何相处。一些父母是非常有天分的情绪导师，而一些家长却糟糕透顶。

——《情商》一书的作者，美国哈佛大学心理学博士丹尼尔·戈尔曼

家长自省：对孩子的要求你做到了吗？

你是否有以下错误的理念或行为？

- □ 男孩子哭哭啼啼是软弱的表现，不许孩子哭。
- □ 相信“棍棒底下出孝子”。
- □ 孩子哭闹，你就无条件答应并满足他的任何需求。
- □ 把工作中的负面情绪带回家庭，对最亲密的人发脾气。
- □ 希望孩子服从父母，听话懂事。

从某种意义上来说，孩子是父母的一面镜子。如果孩子情绪调控能力差，恰恰说明他的成长环境出现了问题。一方面父母应该做好情绪管理，另一方面在家居环境设置中，应该创设一个让父母和孩子都能够及时管理好情绪的空间。

情绪管理正向飞轮

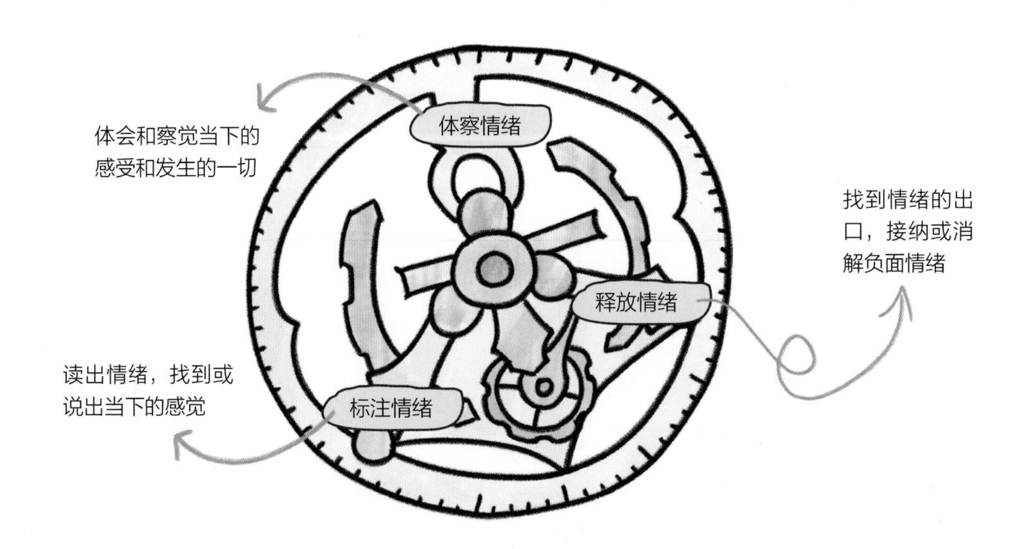

孩子的空间及情绪表露区

独处空间可以给孩子提供一个安全的环境，让他细细体会当下发生的一切给心灵带来的感受，培养孩子对自己情绪的觉察力。空间内的色彩、软装、家具等可尊重孩子的喜好进行布置：涂鸦板可以表达想法及宣泄情感；展示区放置的奖状或纪念品可以唤起过往喜悦的情绪和美好回忆；儿童房、树屋或衣柜等空间用来躲藏及平复悲伤的情绪。

父母的空间及情绪表露区

父母的情绪也需要在独处空间中得到安放和处理：色彩柔和静谧的卧室让大人们下班回家后好好休息，安静地梳理好自己的情绪；将一个封闭空间作为冥想室，专门用来和自己对话；收纳架放置书籍用来和书中的智者对话，升级认知，提高自己；种植区用来和自然元素交换正能量，以达到净化心灵的目的。

开放式空间及情绪交流区

开放式空间让家长和孩子可以走出自己的世界，来到公共区域面对面地进行交流。孩子在客厅活动时能看到父母在厨房烹饪或在其他空间做家务时的辛苦，从而更懂得感恩。“谈判桌”有助于让家长和孩子坐下来，分享与表达各自的情绪和需求，更好地理解彼此。

案例 14：五室改两室，打造极致共享空间

项目坐标：

广东广州

主案设计师：

吴易宸

户型信息：

129 m² (2 室 2 厅 1 厨 3 卫)

家庭结构：

业主夫妇、6 岁女儿

户型诊断：

① 走廊过长，空间浪费

② 厨房空间面积小

③ 每个卧室的空间都比较小

业主需求：

五室空间，有两间常年闲置，希望改善功能，充分利用空间面积。希望设置一个岛台

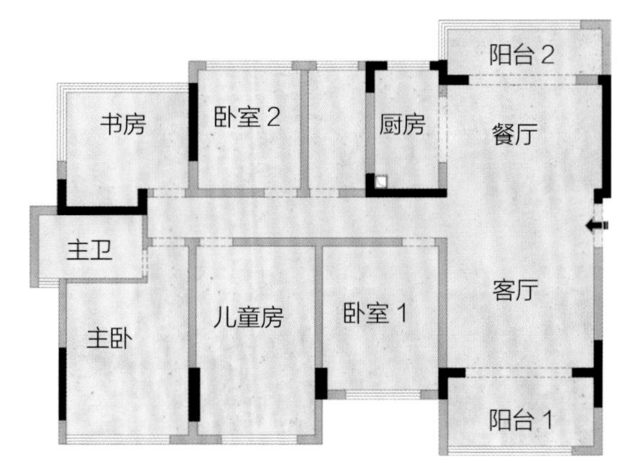

原始户型图

平面布置图

功能整合，打造超大互动空间

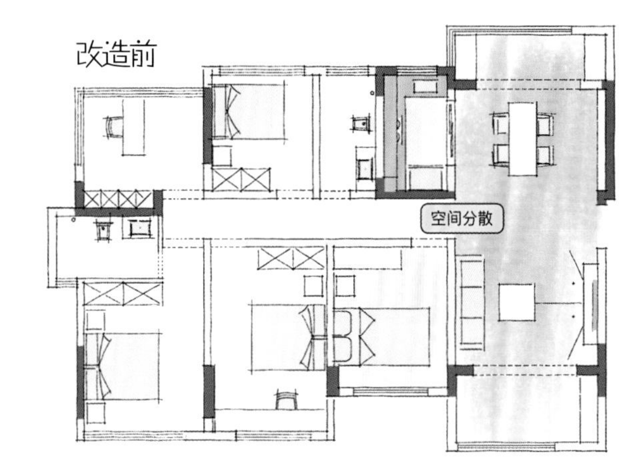

空间多，功能细碎。客房常年闲置，空间浪费严重。

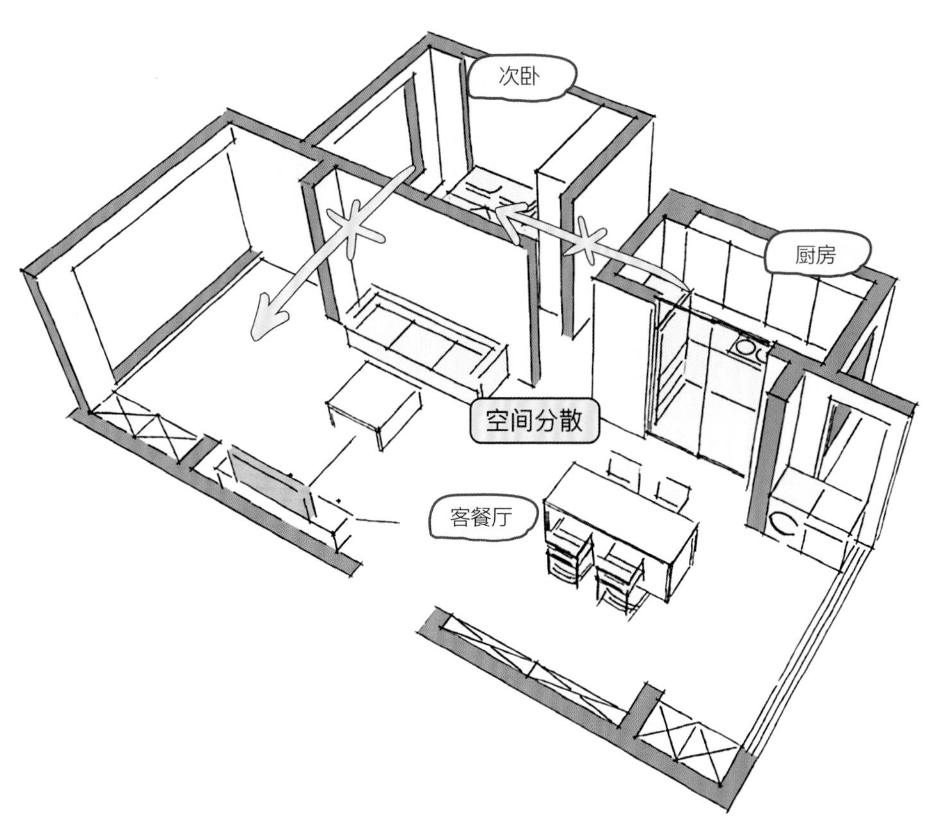

改造后

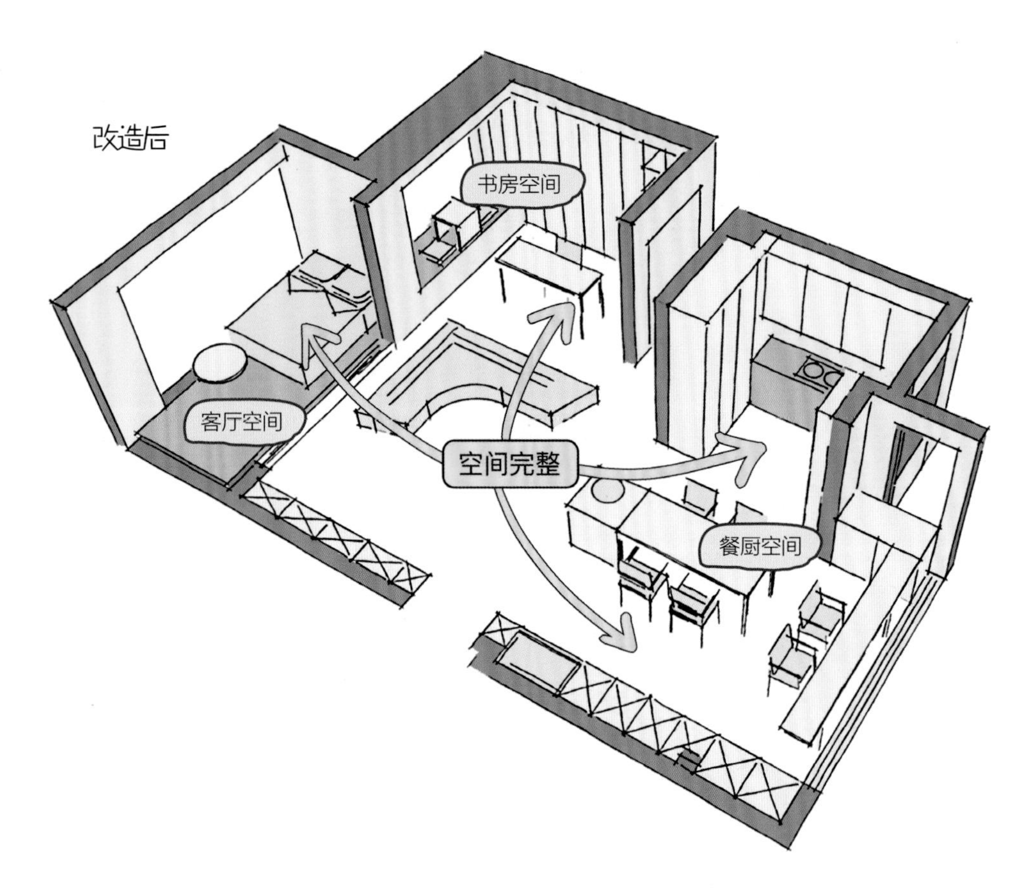

改造后开放区面积共 63 m²，塑造全开敞的 LDK 空间。客厅双向开放，一侧面向投影幕布，一侧面向开放式书房，餐厅 + 厨房 + 吧台一体化开放模式，成为家人和朋友互动、沟通、聚会等小型活动的场所。

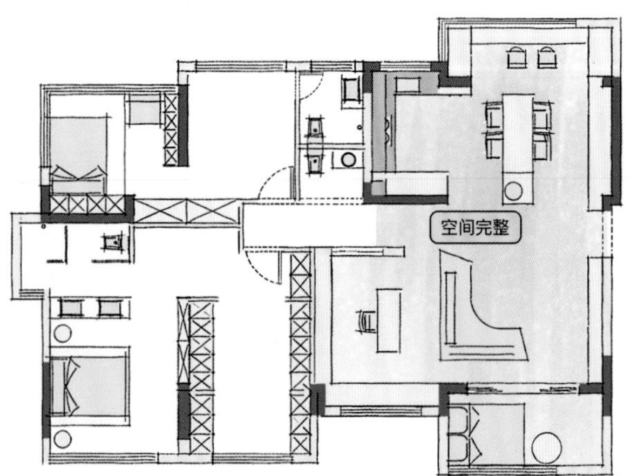

整墙的柜子将客餐厅相连，增加储物空间的同时让空间更有连接感，餐桌和岛台作为缓冲地带，将餐厅、厨房、吧台等功能区分开。

客厅放置双面沙发，家人和朋友既可以面对书桌进行互动，也可以面对投影进入观影模式。

书房的飘窗是夫妻两人的品茶区。对面是一处双面设计的艺术墙，分别展示艺术品。客厅阳台充分利用窗外景色，作为午休空间或临时客房使用。抬高式空间和推拉门设计，将空间围合起来，营造开敞空间中的一点私密感。

厨房使用 L 形台面，从右至左洗、切、炒等工序依次排开，形成合理便捷的操作动线。将冰箱、热水器、烤箱、洗碗机等嵌入或隐藏到柜体中，满足使用需求，同时保证视觉效果。

岛台下侧是储物空间，同时有视觉阻断的作用，使整个空间整洁美观。西厨岛台、开放式厨房和吧台成为接待客人时的社交专区。可以边聊天边做菜，烹饪和互动两不误。

双套间，创设功能完备的独处空间

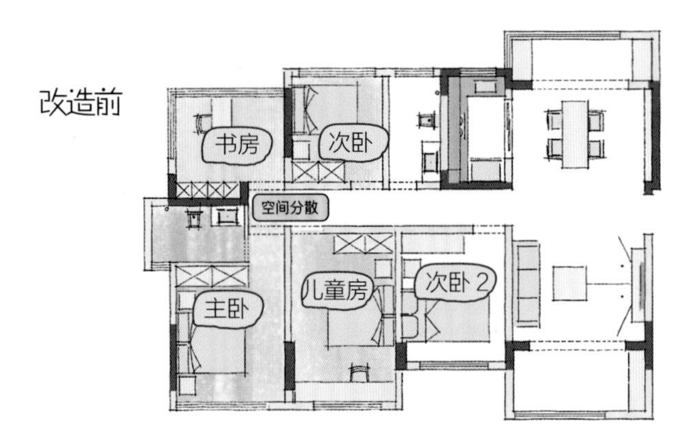

原始的 5 个卧室，空间浪费严重。书房在户型最内侧，较为封闭，空间利用率低。

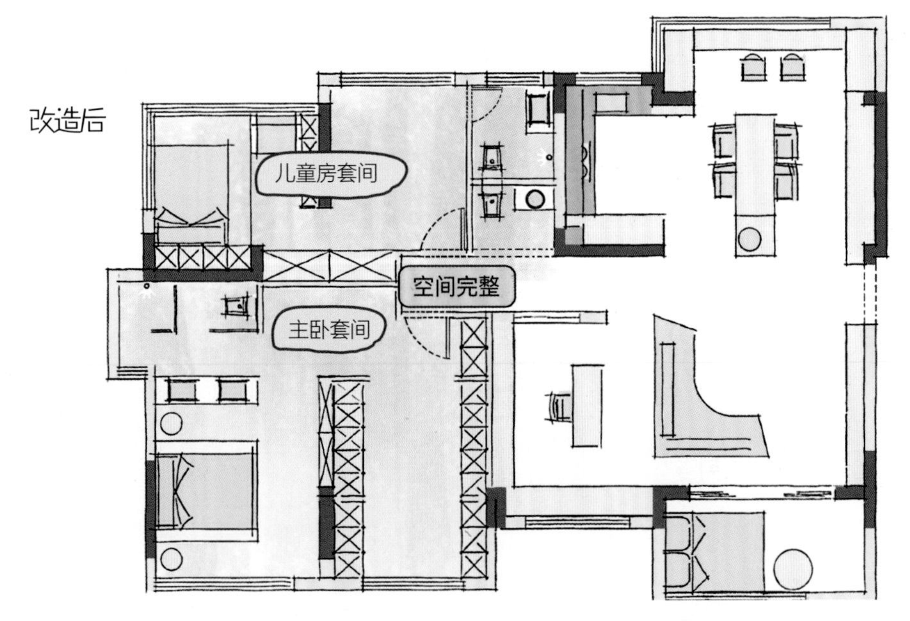

主卧采用套间模式，在衣帽间深处增加封闭的冥想室，满足独处需求。

将原有书房作为儿童卧室，儿童房以内外套间形式作功能分区，空间布置更加灵活，满足孩子不同年龄段的空间需求。

将原始的儿童房改造成主卧衣帽间，入口空间做顶天立地收纳柜，超大尺寸的收纳空间可完全满足收纳需求。

在衣帽间深处利用隔断打造相对独立的封闭空间。在灯光设计上为弱化主灯照明而使用了带遮光角的筒灯，可以调节光线的明暗变化，适应不同的生活场景。

卧室空间采用暖色系的配色方案，使用木质地台床加灯带的形式，做出床的悬浮效果。一家人也能在地台上坐着聊天。

将主卫与卧室之间的墙面拆除，让卫生间和卧室的空间更显通透，呈现出更加自然的视觉延伸效果。

卫生间做三分离设计，双洗手盆保证使用的便捷性。与之对应的双人镜可滑动，当滑到角落时，卫生间空间就成了全开敞式，更具整体性和通透感。

将原设计中的走廊空间囊括进主卧，放置椭圆机和沙袋，作为小型健身区使用。

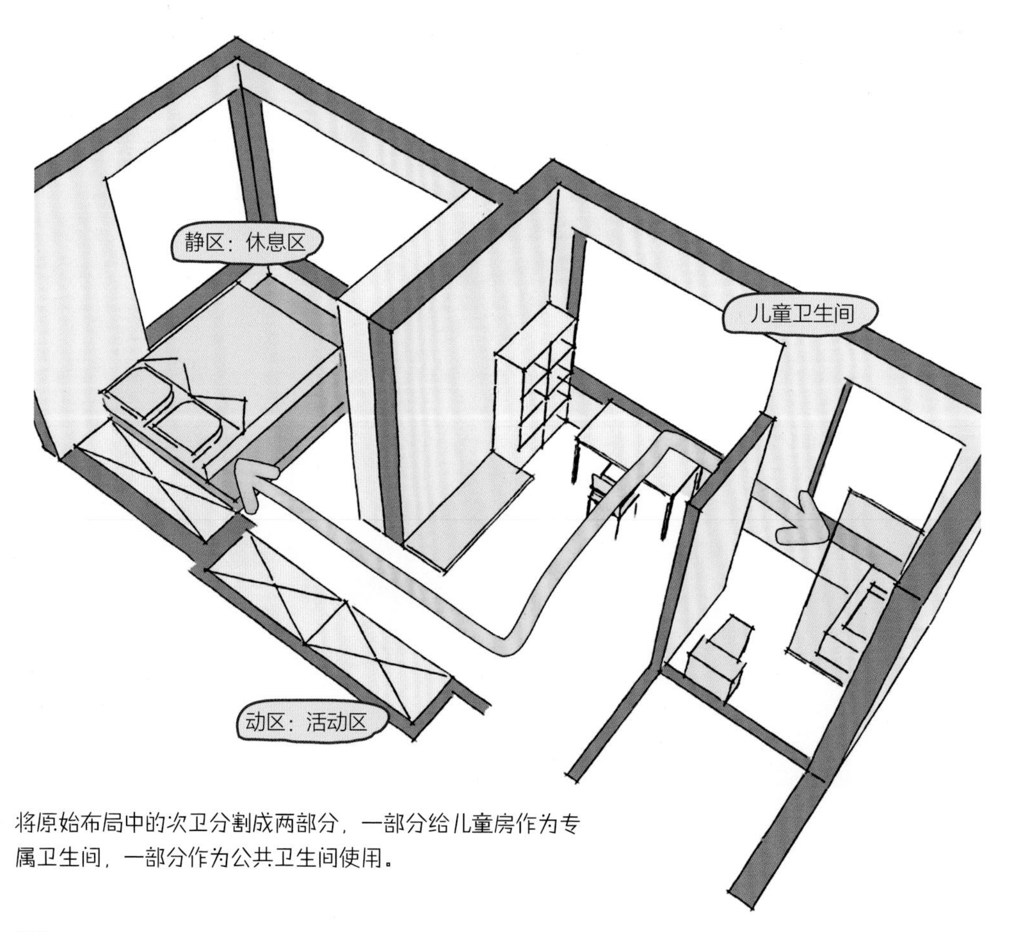

将原始布局中的次卫分割成两部分，一部分给儿童房作为专属卫生间，一部分作为公共卫生间使用。

孩子可以在这里招待自己的小伙伴，一起绘画、读书、聊天、玩耍等。随着孩子年龄变化，活动区也能按照儿童的需求做出改变。

幼儿期使用空间

学龄前使用空间

套房内侧为儿童休息区，双面收纳墙的设计充分满足孩子的储物需求。儿童床的布置与主卧一致，采用地台床的形式，搭配儿童沙发，丰富孩子的独处空间。

独立式卫生间的设计具有很强的私密性，满足儿童的使用需求。卫生间配色明亮、简单，与儿童房整体氛围统一，也有助于调节儿童情绪。

用爱帮孩子管理情绪

每一个善于管理情绪的孩子背后，都有一对善于管理情绪的父母。如果您和您的孩子身处情绪风暴中，除了根据本节内容管理情绪并进行相应的设计外，还可以去空间中寻找更多情绪符号，让积极情绪与爱意在家中自由表达与传递。

掌握更多的情商培养方法，对孩子多一些耐心，让孩子的情商在适宜的“土壤”中得以激活和提高。

好的家居环境就是这片适宜的土壤，让孩子们可以在情绪低落时安慰自己，在焦虑烦躁时安抚自己，在遇到困难时鼓舞自己，学会换位思考，多角度看待问题。

第二节

解除空间禁锢，让孩子从多维度认知世界

认知能力提升，更好地洞察情绪背后的想法与需求

认知能力是指人们对事物的构成、性能与他物的关系、发展的动力、发展方向以及基本规律的把握能力，是人们成功地完成活动最重要的心理条件，是记忆力、创造力、专注力、逻辑思维能力等学习能力在真实事件上的具体映射。换句话说，认知能力强的孩子，在自我认知、换位思考、观点采择、与人协作等人际交往方面的能力更突出。

让孩子从不同的角度思考一个问题，提出多种不同的解决方案，全面地认知自我和他人，了解人际交往中边界的重要性，培养与人协作、化解冲突的智慧和能力，主要依赖认知能力的培养。

家长自省：是谁禁锢了孩子的思维？

☐ 习惯性的给孩子的行为做出“对与错”的绝对化判断。

☐ 把成绩作为评判孩子的唯一标准，没有看到孩子的独特性。

☐ 告诉男孩只能用蓝色，女孩只能用粉色。

☐ 总是把成年人的想法强加于孩子。

☐ 厌烦于孩子的“为什么”，觉得孩子天马行空的想法是可笑的。

著名儿童心理学家让・皮亚杰认为：“儿童认知能力的发展在很大程度上依赖于儿童对周围环境的操纵以及与周围环境的积极互动。”在家居环境设计中，应充分考虑形状、色彩、材质的使用，以及空间、功能、动线的规划对孩子认知能力的影响。

可变空间，大开脑洞

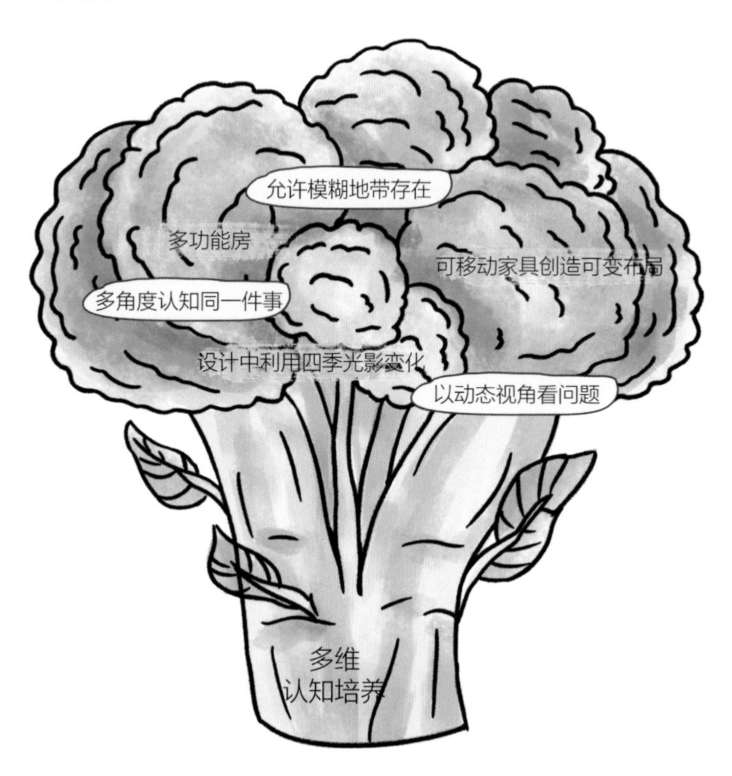

1

多功能房

室内设计中应充分考虑动静分区，不仅要考虑私密性，也要满足家人间的情感交流需求。充分利用空间，打造适合全家人一起活动的多功能房，满足多种使用需求，有利于帮助孩子打破刻板思维，以更灵活的视角来看待事物，增加换位思考的能力，更好地处理人际关系。

2

可移动家具创造可变布局

居住环境、空间规划、家具选择及其摆放会随着需求的变化而变化。可移动家具能根据全家人不同的使用需求调整，将功能空间的位置和大小进行合理改变。不仅让全家人使用时更为舒适，也让孩子明白世界不是一成不变的，界限也并非绝对的，允许并接纳模糊地带的存在。

3

设计中利用四季光影变化

考虑不同季节光影的变化对环境的影响，在夏天光线较强时，使用纱帘阻隔强光，在冬天光线较弱时，搭配落地灯、壁灯等重点照明光源进行氛围打造。光影的变化，会促使孩子在不同时间看待同一空间时，产生不同的心理感受和想法。

案例 15：合理动静分区，兼顾功能与隐私

扫码查看
游走全景图

项目坐标：

陕西西安

主案设计师：

王思宇

户型信息：

63 m²+58 m² Loft（2 室 2 厅 1 厨 2 卫）

家庭结构：

业主夫妇、13 岁儿子

户型诊断：

①客卫狭窄，没有预留洗衣机位置

②儿童房空间分割不合理

业主需求：

女主人喜欢练习瑜伽，儿子学习钢琴，男主人有很多书籍和藏品，都需要有一定的空间

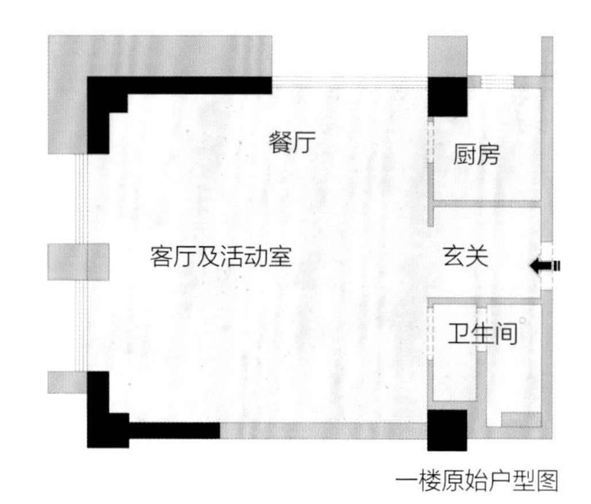

一楼原始户型图

N
活动室
厨房
餐厅
玄关
客厅
卫生间

一楼平面布置图

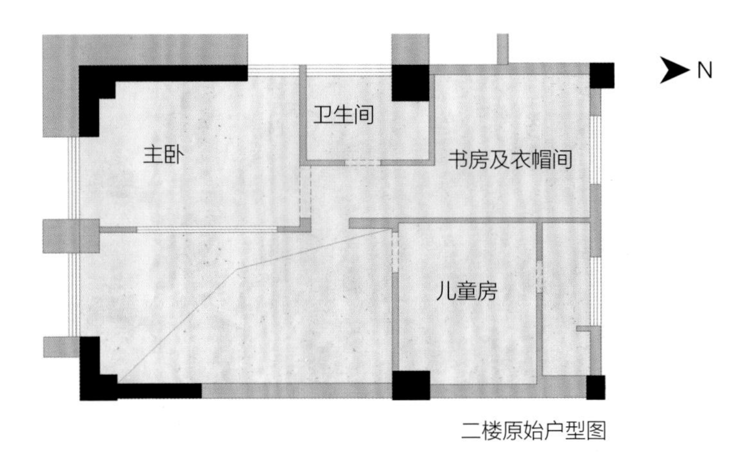

二楼原始户型图

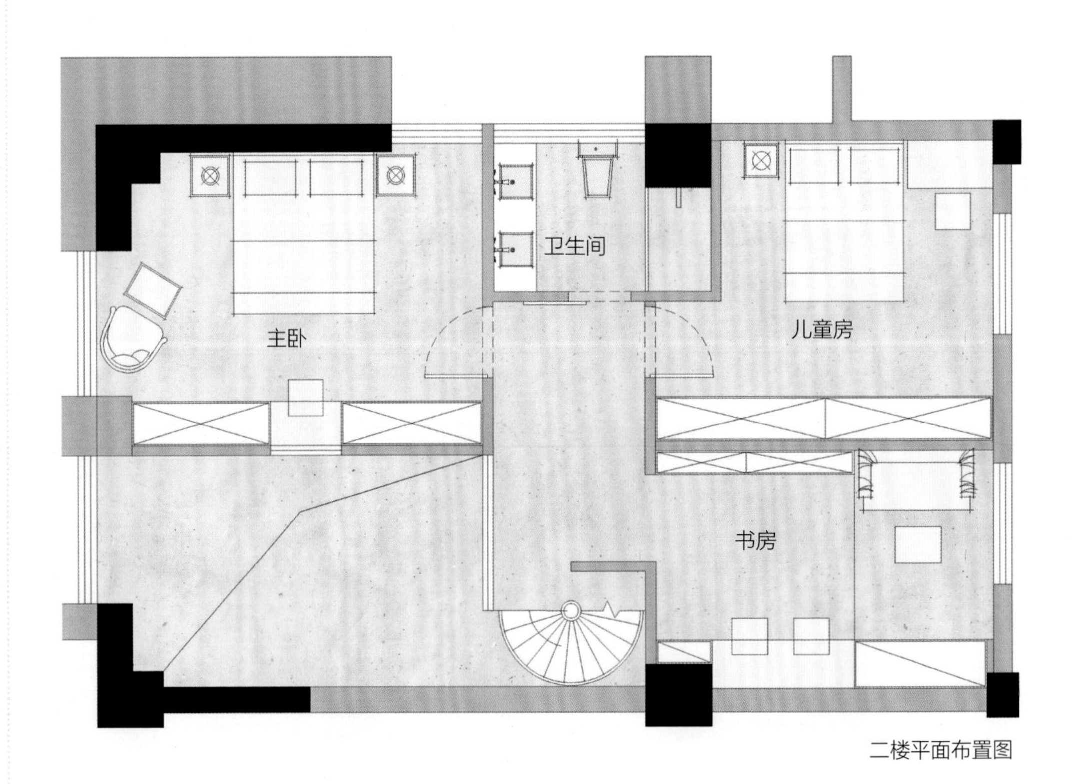

二楼平面布置图

设计
要点 1

全敞开式家庭中心，增加家人间的互动

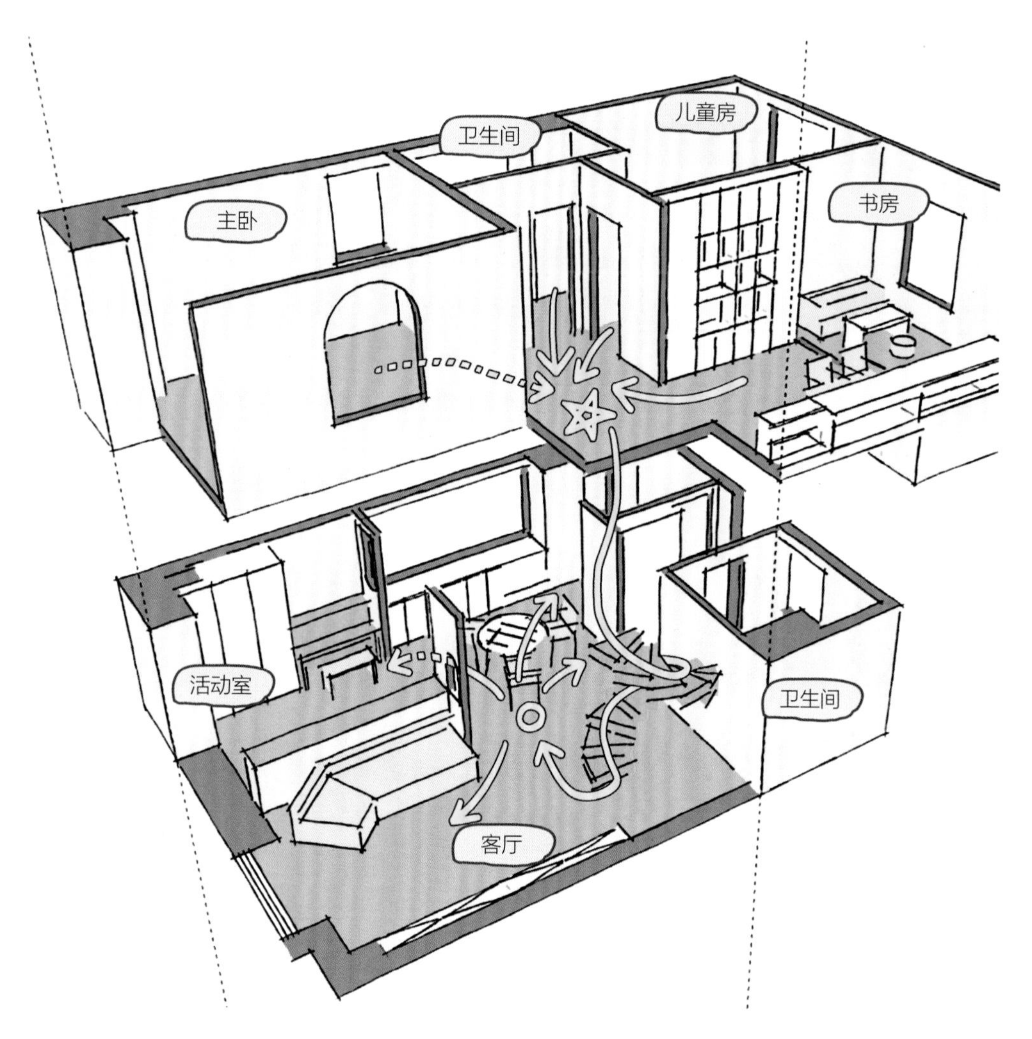

贯通式客厅空间在视觉中心，成为上下两层互动交流的主要空间。

一楼空间取消电视，将视觉中心交给两层楼高的书柜。此举创造了更多公共活动空间，让客厅的功能中心从休闲转为家人之间的交流。

通天书柜集储物、展示功能于一身。书柜内增加层板灯带，光线强度可调节，适配多种生活情境。蓝色背景墙搭配白色书柜和原木色梯子，与半透明材质的吊灯映衬，使整个客厅充满质感，夜间氛围感十足。

客厅以沙发作分隔，沙发后为家庭的多功能空间，为一家人日常运动健身室、餐酒吧台及儿童钢琴训练室。

沙发和吧台旁边设置了水泥材质的隔断，保证了沙发区域的隐私。阳光穿过拱形窗洞，在地面留下灵动的光影。玄关和厨房设置观察窗，不仅能为原本狭小的玄关空间增加通透性，还可以第一时间观察到家人的动态和情绪。

带阁楼的户型的厨房普遍狭小，为了减少局促感，采用半开放式设计，与开放餐桌的位置完美衔接。

设计
要点 2

设置静态游戏、阅读区域，明确动静游戏分区

改造前

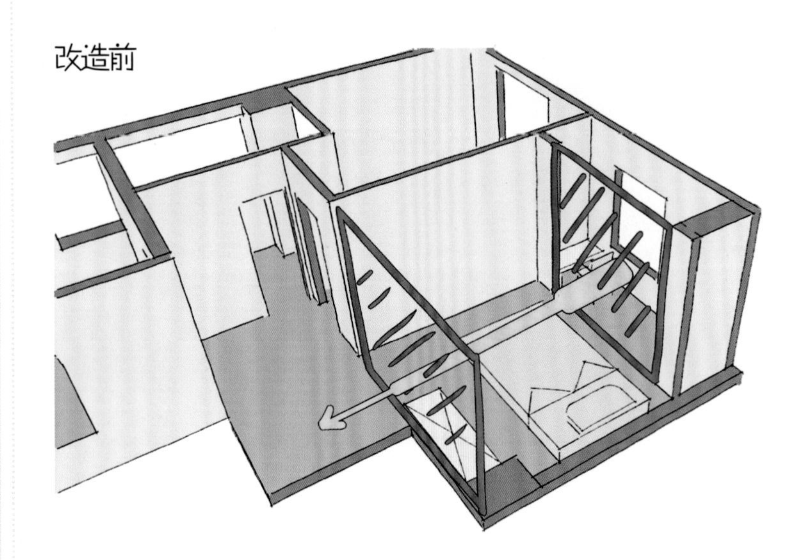

封闭空间和隔断墙的设置让房间进一步缩小。儿童房靠近楼梯，噪声影响大。

改造后

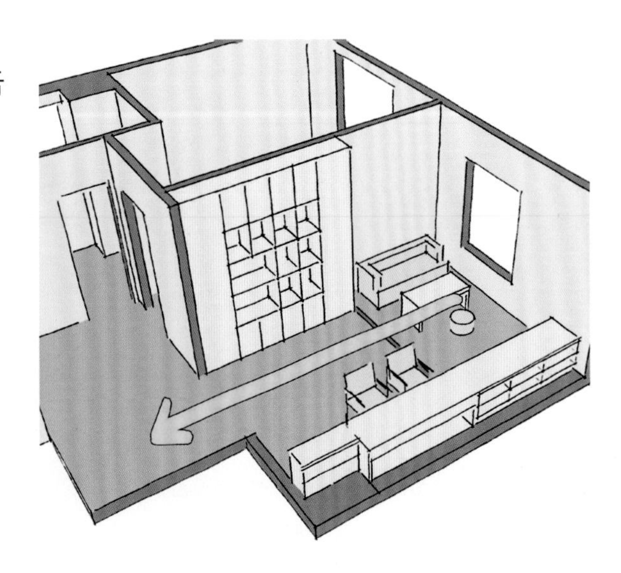

将原有儿童房和书房位置互换，将楼梯旁的空间改为开敞的活动空间，抵消公共空间噪声的影响。二楼活动区和一楼活动区动静分离。

二楼设置静态活动区域，与一楼的动态活动区域形成鲜明对比。书房的超长书桌供一家人学习、办公使用，父母和孩子在学习工作时依旧可以彼此陪伴。

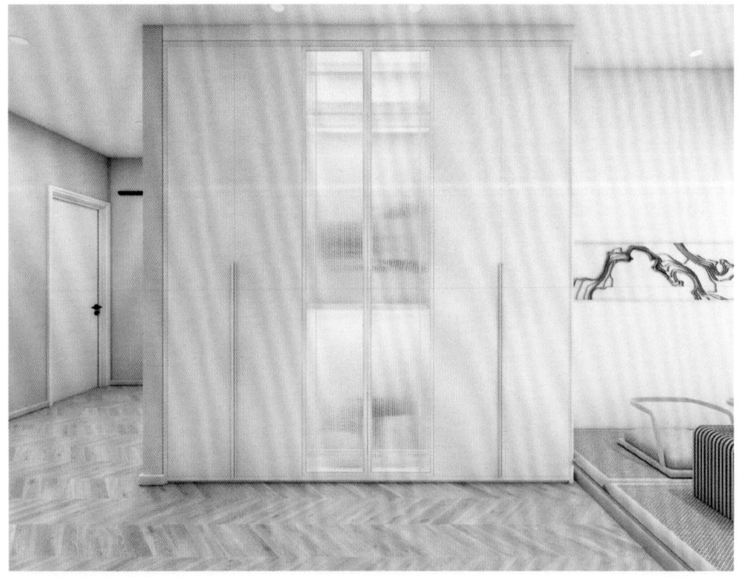

开放架既可以展示家长和孩子收藏的手办，也能作为孩子展示手工作品、奖状、奖杯的场所。

生活空间按需打造，多重审美碰撞交融

儿童房按照孩子的喜好，增加了太空元素，为孩子提供一个放松舒适的空间。

在儿童房内预留学习空间，整面墙的收纳柜满足孩子对衣物、书籍、玩具的收纳需求。

主卧尊重业主喜好，选用深色的墙体和柜体搭配。在主卧内设置单人沙发椅和落地灯，业主在睡前能沉思静坐，放松身心，梳理情绪。

主卧临近客厅的位置巧妙利用挑空空间，进行开窗处理，增加空间通透性和美观性，也能联通上下两层空间，增强空间的互动性。

给孩子打开更多扇门

要培养孩子的多维认知，家长应接纳孩子的不同想法，告诉孩子事物不是非黑即白、非错即对的。其实每个孩子都是独一无二的，不要给孩子贴标签，也不要拿孩子和别人比。透过情绪表象，看到深层认知，你会更加了解你的孩子。

第三节

共享空间的亲密沟通，让孩子养成高情商

沟通能力是孩子一生最宝贵的财富

沟通能力，是以情绪管理能力和认知能力为基础的，这也是把沟通能力放在本章的最后一节来详述的重要原因。沟通是人与人之间、人与群体之间思想与感情的传递和反馈，以求思想达成一致和感情交流通畅的过程。沟通能力可以帮助孩子更好地表达自己，进一步塑造逻辑思维，提高人际交往能力，对于孩子未来家庭生活的美满和事业的成功都起着不可或缺的作用。可以说，沟通能力是孩子一生最宝贵的财富。

一个人的成功只有15%是依靠专业技术，而85%却要依靠人际关系、有效说话等软科学本领。

——著名人际关系学大师戴尔·卡耐基

家长引导孩子沟通，对孩子以后的发展具有非凡的意义。如果家长没有掌握和孩子沟通的技巧，那么很可能激起孩子（特别是青春期的孩子）的反抗，导致亲子关系出现裂痕。孩子出于逆反心理很可能做出极端的人生选择，使家长抱憾终身。

家长自省：沟通，你走心了吗？

你是否有以下错误理念或行为？

☐ 孩子正在和你说幼儿园发生的事儿，你想着工作的事儿所以没仔细听。

☐ 孩子和你说在家里看到恐龙了，你说孩子撒谎。

☐ 让孩子去刷牙他偏不听，你就动手打孩子。

☐ 在孩子明确表达不想沟通，想独处的时候，你还喋喋不休。

☐ 当孩子犯错误的时候，你一味指责，从来不询问原因。

孩子有他神秘的小世界和自己独有的表达方式，家长不能仅仅按照成人的思维和语言来解读孩子，而是要学会放下固有的思维方式，用心倾听孩子。只有你愿意走入孩子的世界，孩子才会愿意走入你的世界。

居住空间，扮演着沟通媒介的角色，通过物理空间连接了家长和孩子的内心世界，帮助彼此从真正意义上开启高情商沟通的大门。

高情商的空间解析通道

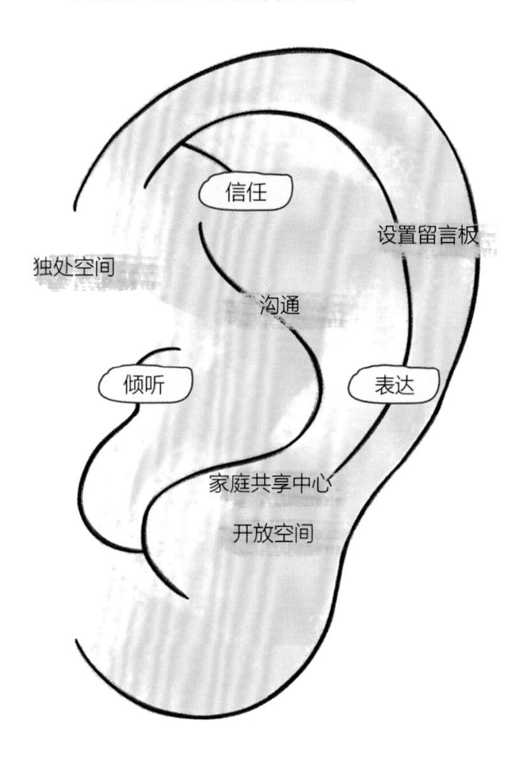

1 设计开放空间，作为家庭共享中心

开放的空间和合理的动线规划，从物理环境上让家人的生活更紧密地交织在一起；充裕且集中的储物区域容纳了所有家庭成员的物品；客厅摆放大大的餐桌，一家人可围坐就餐、饮茶、做手工、下棋，在活动中有更多的亲密交流。

2 设置留言板

除了直接的沟通渠道以外，间接的沟通渠道也必不可少，可以让沟通以非语言的形式在空间中传递：儿童房门、涂鸦区、写字板等设施是处于情绪敏感期的孩子最愿意选择的沟通工具。通过这些间接的沟通渠道，孩子和家长无法当面诉说的心情得以委婉地传递。

3 设置独处空间

沟通应以互相尊重为前提，独处空间的设计则明确了界限的重要性，应以家庭成员的喜好为出发点进行设计。独处空间作为情绪落脚点，帮助大家平复、消化负面情绪。只有当大家都在平和稳定的情绪之中，才能进行有效沟通。

案例 16：洄游动线，让孩子在家自由奔跑

项目坐标：

陕西西安

主案设计师：

吴易宸

户型信息：

123 m^2（4 室 2 厅 1 厨 2 卫）

家庭结构：

三代同堂，其中女儿 7 岁

户型诊断：

①走廊面积过大，浪费空间

②北侧两间卧室空间均较小

业主需求：

希望扩大儿童房面积，方便儿童独立使用。希望有一个大书柜，培养儿童的阅读习惯，也能一家人一起读书学习

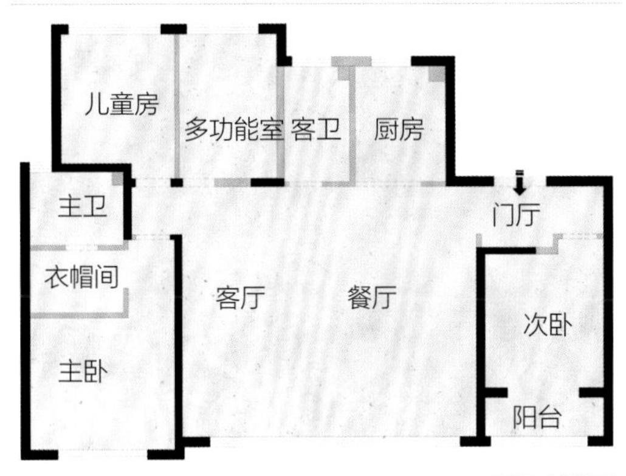

原始户型图

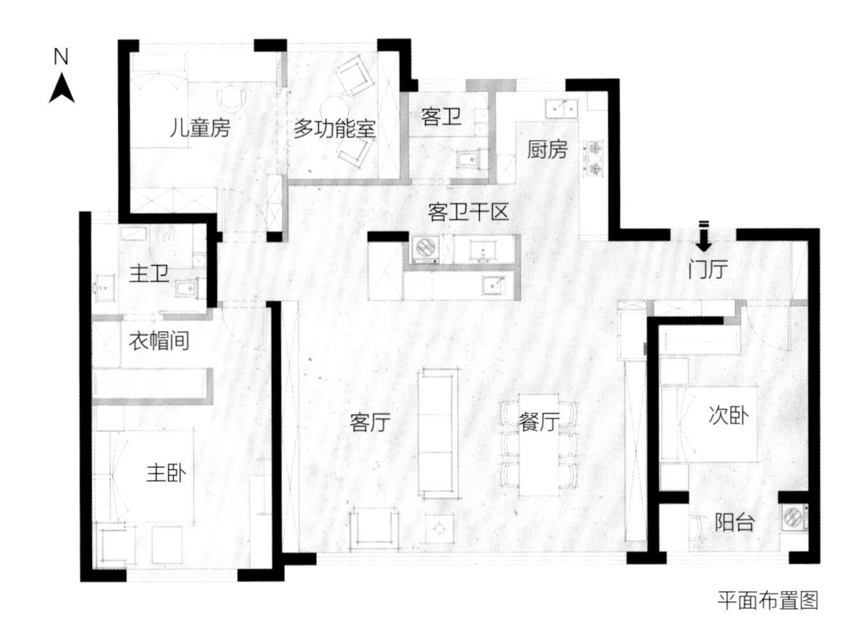

平面布置图

设计多功能柜，完美利用走廊空间

改造前

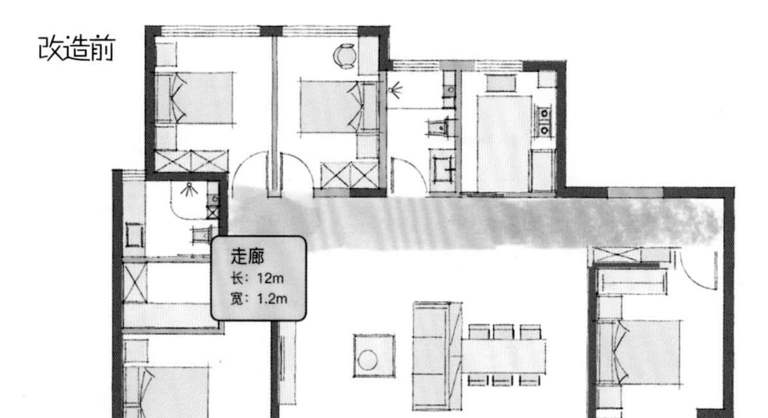

冗长的走廊面积约为 14 m²，客厅空间浪费严重，利用率低。

改造后

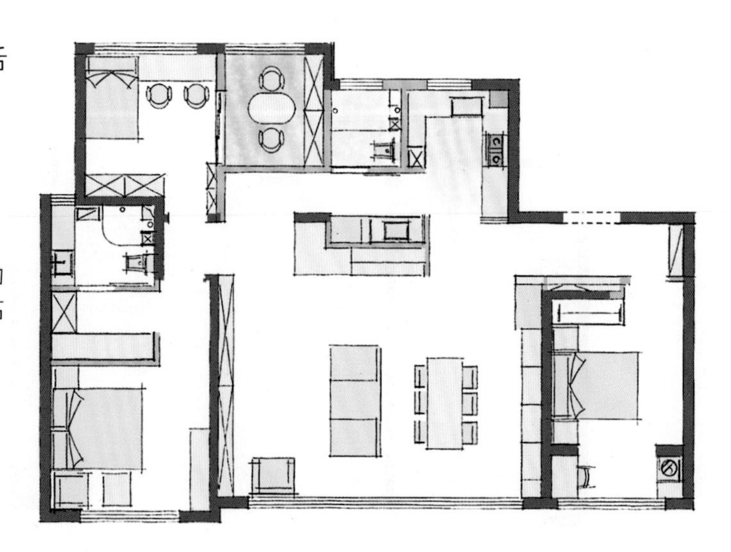

卫生间进行干湿分离，厨房中西厨功能拆分，充分利用客厅空间，构建家庭洄游动线，提高空间使用率。

设计
要点 2

创建可多角度观察的视角，放飞想象力

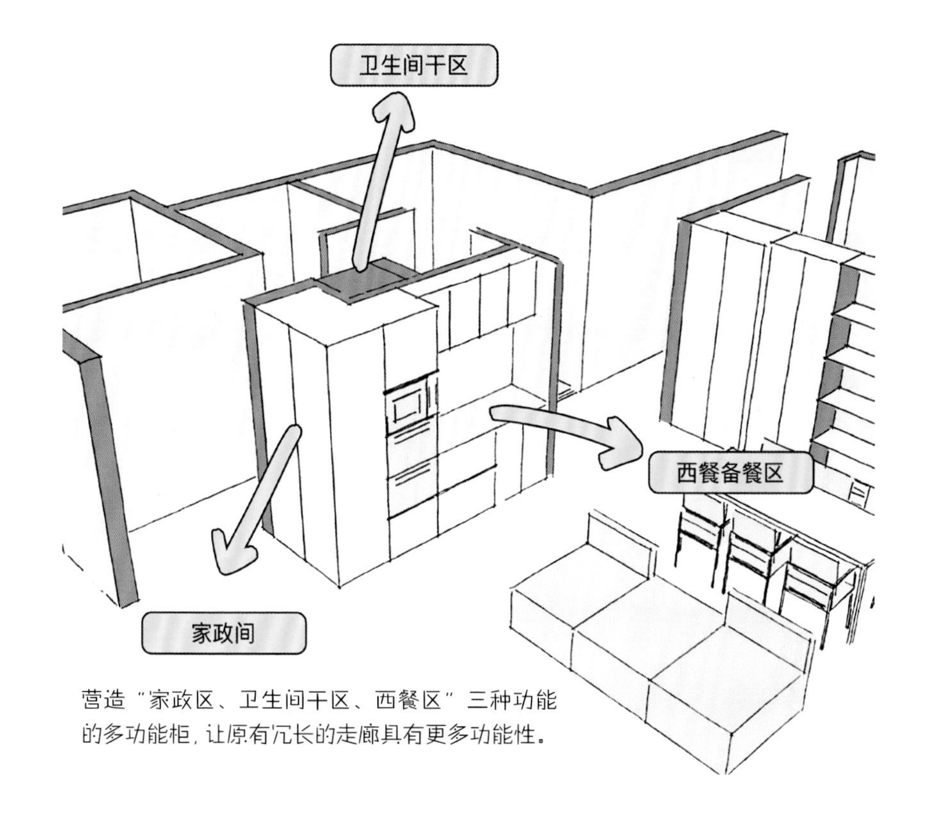

营造“家政区、卫生间干区、西餐区”三种功能的多功能柜，让原有冗长的走廊具有更多功能性。

西餐区的设立，将部分厨房的收纳移至公共空间，避免台面上过多的物品影响做饭时的操作。

西餐区与客厅完美融合，全家人可以一起做蛋糕、烤饼干。

一张大桌子既是全家人的餐桌，也是读书、手工制作的核心区。餐桌后利用整面墙做收纳柜，增加部分开放格，兼具展示功能，也能增加空间的层次感。

我爱你
妈妈生日快乐!!!

一款舒适的沙发能满足全家人一起观影的需求。客厅取消茶几，留出更多开放空间供一家人进行活动。

设计要点 3

搭建间接沟通区域，营造私密的独居空间

利用主卧和儿童房之间的转角墙面设置涂鸦区，搭建沟通通道，家庭成员可以在上面画画、留言、提示注意事项、记录美好瞬间。

尊重，是高情商的基石

情商的提高是以孩子的安全感、独立自主性、在玩中学、在学中玩为基础渐进发展的过程。培养孩子高情商的同时，更重要的是尊重孩子的性格和发展规律，让高情商的种子在空间中自然萌芽，绚烂绽放。

原有儿童房面积过小，改造后将儿童房和客房作联通处理，扩大儿童房尺度，舒适感得到提升。儿童房增加一组小沙发，作为儿童会客区，孩子可以邀请家人或朋友来做客，创设更多沟通场景。

案例 17：北京亦庄蒙台梭利幼儿园

建筑公司：
阿卡设计（ARKA）
主案设计师：
米克勒·拉纳里
（Michele Lanari）
户型信息：
8 000 m²
项目描述：
项目目标是将蒙台梭利教育理念和建筑设计融为一体，创造出一个更合理的空间和安全的环境，让孩子们能够自由快乐地学习和成长。原有的建筑物是一个开放空间办公室，整个大空间分作 4 层。项目的首要任务是根据孩子的身高比例改造空间

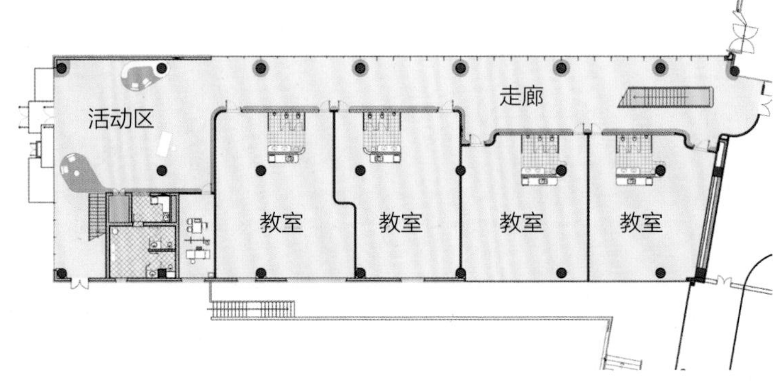

一层平面布置图

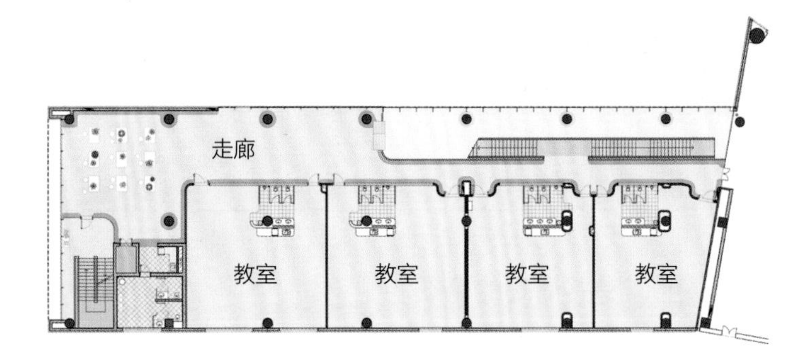

二层平面布置图

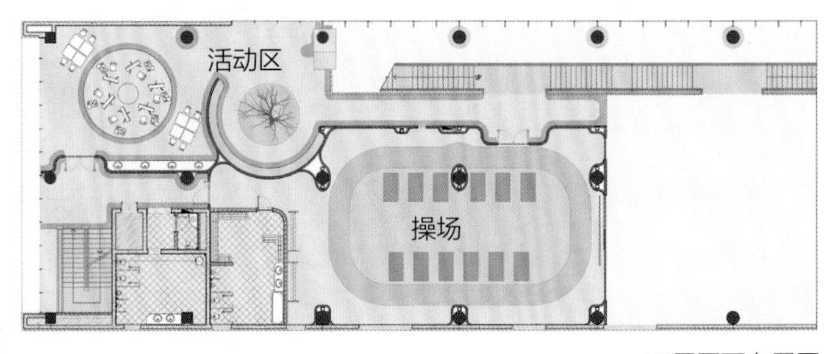

三层平面布置图

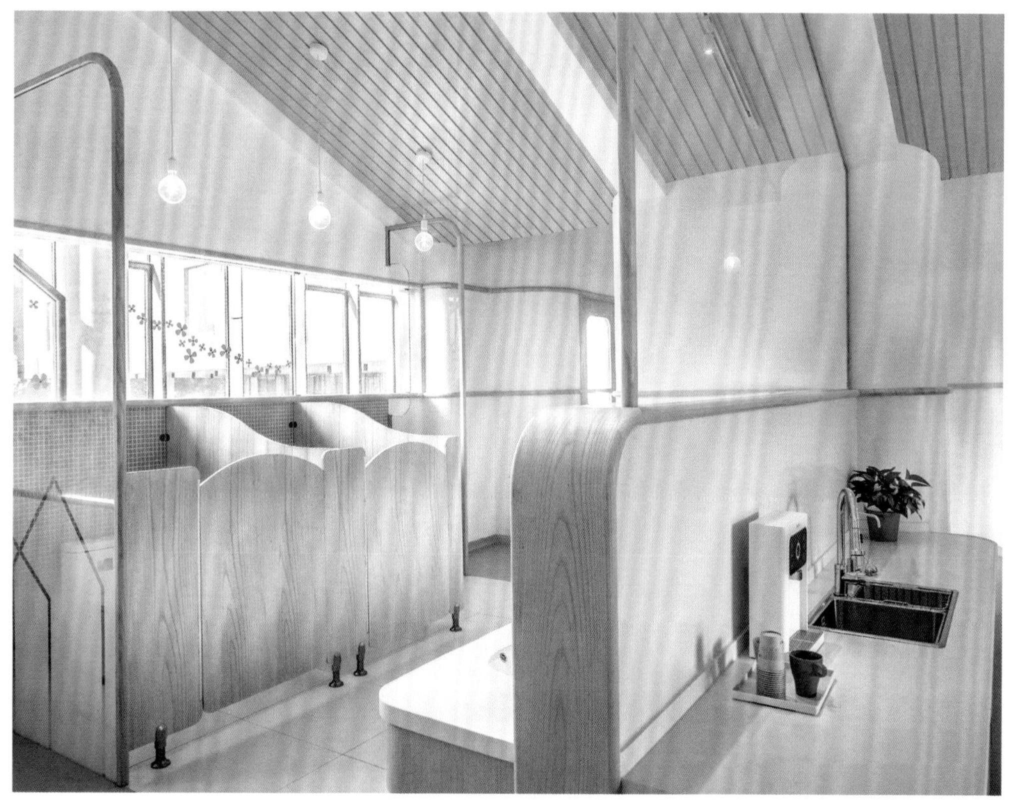

设计中加入了许多小房屋的设计，教室是简约的房屋造型，让孩子更具有主人感和安全感。

图书馆则是一个开放空间，在其中央种下一棵树，场景好似乡村小镇的广场。

门的部分做了一个特殊设计，使非常小的孩子也能简单安全地使用，避免尖角可能造成的意外。同时，大量使用窗户方便老师观察每一个小朋友的活动。通过构建一个自由、开放的空间，让孩子们可以根据自己的意愿自由活动和学习，并不断挖掘自身潜能。通过这样的设计，孩子们将逐渐学会独立自主，这种习惯将在他们未来的整个学习和生活过程中发挥重要作用。

走廊设计成多功能的开放空间，孩子们可以随意地到处活动，这样不仅可以提高他们的社交技能，也便于老师的管理。部分走廊还被打造成为田野的模样，让小朋友们可以体验季节的变化。

一个蓝色大楼梯连接着每层楼，宛如以前人们改造的运河。从整体来看，房屋与楼梯的布置呈现出一幅自然和谐的画面——一座沿河搭建的村庄。如村庄一样，蒙台梭利幼儿园也是一个社区，在这里儿童与成人可以自由交流、互相学习。

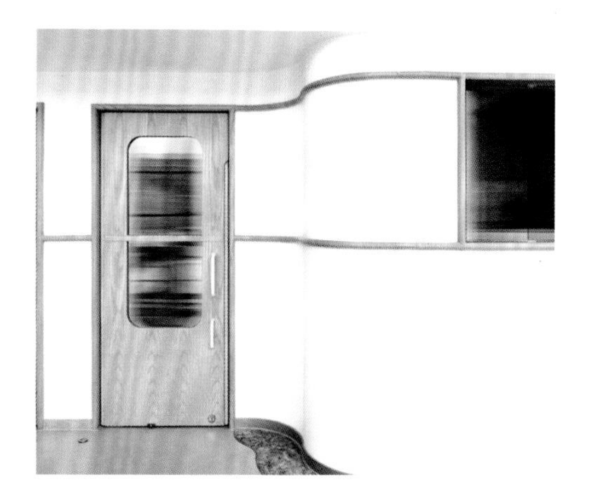

后记

在打扮家居住方式与生活研究中心成立之前，发起人高非先生就和其好朋友——意大利注册建筑师、阿卡设计首席执行官及首席设计师米克勒·拉纳里先生(Michele Lanan)合作多年，一起对儿童友好环境进行了深入探讨和研究。米克勒·拉纳里先生是儿童空间设计的领军人物，多年来致力于将蒙台梭利教育理念和建筑设计融为一体，改善中国儿童的教育环境。

由米克勒·拉纳里先生设计的北京亦庄蒙台梭利幼儿园，是蒙台梭利教育理念和建筑设计相互成就的幼儿园设计代表作之一，我们在对其实地考察中也收获良多。在此，特别感谢米克勒·拉纳里先生的无私分享，以及对幼儿环境设计理念的专业建议。

在传统理念当中，儿童的成长主要依赖老师和家长的教导。只有在老师和家长的双重教育下，幼儿才能建立基本的道德意识，培养良好的习惯，保证各方面和谐发展。“学校—教师—家长”在儿童教育过程中始终担任重要角色。

但实际上，家庭才是孩子的第一所学校，建立一个有利于儿童成长的家居环境对孩子影响深远。让环境成为孩子的老师，基于“成长的家”的亲子空间设计理念，让“儿童—环境—学校—教师—家长”五方面相互影响，协同合作。

如何为孩子创造一个安全、健康、幸福、快乐的成长空间，是我们研究的长期课题，为此我们将在儿童空间环境设计研究中竭尽所能，为了孩子，全力以赴。

打扮家居住方式与生活研究中心